海绵城市建设概论
——让城市像海绵一样呼吸

刘德明 主编
鄢斌 黄晗 陈琳琳 丁若莹 杨雪 参编

中国建筑工业出版社

图书在版编目（CIP）数据

海绵城市建设概论：让城市像海绵一样呼吸 / 刘德
明主编；— 北京：中国建筑工业出版社，2017.4（2022.8重印）
ISBN 978-7-112-20476-2

Ⅰ.①海…　Ⅱ.①刘…　Ⅲ.①城市建设—研究　Ⅳ.
①TU984

中国版本图书馆CIP数据核字（2017）第037038号

本书从水资源、水安全、水环境、水生态、水文化五个方面，落实"渗、滞、蓄、净、用、排"的海绵城市建设方针。力求全面地、系统地为大家介绍海绵城市建设的由来、理念、内涵和技术。本书共四章，具体内容有：海绵城市建设概述、海绵城市建设理念与内涵、海绵城市建设案例分析和海绵城市建设相关技术。

本书可作为海绵城市建设普及读物与工科类高等学校学生入门教材，也可适用于相关专业技术人员阅读使用。

责任编辑：张　磊　于　莉
书籍设计：京点制版
责任校对：李欣慰　张　颖

海绵城市建设概论
——让城市像海绵一样呼吸
刘德明　主编
鄢斌　黄晗　陈琳琳　丁若莹　杨雪　参编

*

中国建筑工业出版社出版、发行（北京海淀三里河路9号）
各地新华书店、建筑书店经销
北京京点图文设计有限公司制版
北京建筑工业印刷厂印刷

*

开本：787×960毫米　1/16　印张：16¼　字数：288千字
2017年4月第一版　2022年8月第六次印刷
定价：39.00元
ISBN 978-7-112-20476-2
（29955）

作者简介

　　刘德明，男，1963 年生，福建福州人。现任福州大学土木工程学院市政工程系系主任，教授，硕士生导师，兼任福建福大建筑设计有限公司总工程师，教授级高级工程师。主要技术资格：国家公用设备工程师、国家咨询工程师、国家注册监理工程师，全国给水排水技术信息网核心专家库专家、福建省政府投资项目评审（咨询）专家库专家、福建省环境保护厅环境应急专家、福建省公安消防总队消防技术服务机构资质评审专家、福建省城市供水行业专家、福建省工程建设标准化专家库专家、福建省综合性评标专家库专家、福建省职业院校技能大赛专家。主要学术兼职：中国建筑学会建筑给水排水研究分会理事、中国工程建筑标准化协会建筑给水排水专业委员会委员、福建省土木建筑学会理事、福建省工程建设科学技术标准化协会理事。主持与参与各类课题 20 多项，在各类刊物发表论文 80 多篇，主编专业书籍 6 部、参编专业书籍 4 部，主编中国工程建设标准化协会标准 4 部、福建省工程地方建设标准 5 部、福建省建筑标准设计 2 部。授权国家专利 12 项。

近年来，随着自然因素的变化、城市化建设的影响和基础设施不完善等，我国城市暴雨、洪涝灾害频发，全国有 30 个省、市发生不同程度的洪涝灾害，目前，城市洪灾是我国很多城市面临的最主要的城市危害，城市雨洪不仅直接影响了城市居民的生活，还造成很大的经济损失，甚至人员伤亡。有鉴于此，2013 年 12 月 12 日，习近平总书记在《中央城镇化工作会议》的讲话中强调："提升城市排水系统时要优先考虑把有限的雨水留下来，优先考虑更多利用自然力量排水，建设自然存积、自然渗透、自然净化的海绵城市"。海绵城市就是城市能够像海绵一样，在适应环境变化和应对自然灾害等方面具有良好的"弹性"，下雨时吸水、蓄水、渗水、净水，需要时将蓄存的水"释放"并加以利用。提升城市生态系统功能和减少城市洪涝灾害的发生 。国务院办公厅出台"关于推进海绵城市建设的指导意见"指出，采用渗、滞、蓄、净、用、排等措施，将 70%的降雨就地消纳和利用。当前，我国海绵城市建设正在如火如荼地进行中，财政部、住房城乡建设部、水利部先后启动了第一批和第二批共 30 个城市海绵城市建设试点工作，海绵城市建设得到全民关注。

本书是作者以高等学校校选课讲义《海绵城市建设概论》和福建省科学技术协会 2016 年度科普活动项目《海绵城市建设——让城市像海绵一样呼吸起来！》为基础。结合作者近年参加《城市暴雨强度公式修编与设计雨型编制技术报告》、《城市排水防涝及污水专项规划》、《海绵城市专项规划》、《海绵城市建设项目可行性研究》以及《海绵城市建设项目初步设计》评审活动的相关资料，从水资源、水安全、水环境、水生态、水文化五个方面，落实"渗、滞、蓄、净、用、排"的海绵城市建设方针。力求全面地、系统地为大家介绍海绵城市建设的由来、理念、内涵和技术。本书共4章，具体内容有：海绵城市建设概述、海绵城市建设理念与内涵、海绵城市建设案例分析和海绵城市建设相关技术。

本书可作为海绵城市建设普及读物与工科类高等学校学生入门教材，也可适用于相关专业技术人员阅读使用。

本书编纂分工是第1章第1.1、1.2节黄晗、丁若莹、杨雪，第1.3、1.4节鄢斌、陈琳琳；第2章刘德明；第3章刘德明、黄晗、丁若莹、杨雪；第4章鄢斌、陈琳琳；全书由刘德明负责校对与统稿。在本书编写过程中，福建海灵龙环保技术有限公司王道清先生提供了部分案例资料，在此表示衷心的感谢！限于作者的学识、时间和精力，本书中难免会有诸多不妥甚至错误之处，恳请读者批评指正。

目 录

1 海绵城市建设概述

1.1 海绵城市建设背景

1.1.1 现实困境

1）水资源短缺

中国是严重干旱缺水的国家，虽然水资源总量居世界第六位，但人均占有量仅为 2240m³，约为世界人均的 1/4，在世界银行数据库连续统计的 153 个国家中居第 88 位。

按照国际公认的标准，人均水资源小于 3000m³ 为轻度缺水；人均水资源小于 2000m³ 为中度缺水；人均水资源小于 1000m³ 为重度缺水；人均水资源小于 500m³ 为极度缺水。

全国 600 多座城市中已有 400 多个城市存在供水不足问题，其中 300 多个城市属于联合国人居署评价标准的"严重缺水"和"缺水"城市。据预测，21 世纪中叶，我国人均水资源量将接近 1700m³。图 1-1 为水资源短缺现象。

图 1-1 水资源短缺现象

2）水安全堪忧

我国是世界上洪涝灾害最为严重的国家之一。一方面，全国 70% 的固定资产、44% 的人口、1/3 的耕地、数百座城市以及大量的基础设施和工矿企业都位于大江大河的中下游地区，受洪水威胁严重。另一方面，近年来我国许多城市深受暴雨内涝之害。短时间的暴雨使得城市出现大面积淹水现象，不仅严重干扰了城市正常秩序，还造成了巨大的经济损失和惨痛的人员伤亡。

根据《灾情年报》数据显示，2013 年全国有 2266 个县（市、区）、23661 个乡（镇）1.2022×10^8 人遭受洪涝灾害，因灾死亡 774 人、失踪 374 人，倒塌房屋 5.3×10^5 间，县级以上城市受淹 234 个，直接经济总损失 3.145×10^{11} 元。2014 年全国 28 个省（自治区、直辖市）遭受不同程度的洪涝灾害，受灾人口 7.382×10^7 人，因灾死亡 485 人、失踪 92 人，紧急转移 6.75×10^6 人，倒塌房屋 2.6×10^5 间，受淹或内涝城市有 125 座，直接经济损失 1.574×10^{11} 元。

根据《2015 年洪涝灾情综述》，2015 年全国 30 个省（自治区、直辖市）遭受不同程度的洪涝灾害，受灾人口 7.641×10^7 人，因灾死亡 319 人、失踪 81 人，紧急转移 6.28×10^6 人，倒塌房屋 1.5×10^5 间，受淹或内涝城市有 168 座，直接经济损失 1.661×10^{11} 元。图 1-2 为 2013 年四川成灌快铁全部停运，图 1-3 为 2014 年武汉特大洪水，图 1-4 为 2015 年"苏迪罗"福州市区严重积水，图 1-5 为 2016 年 7 月河北邢台出现洪灾。

图 1-2　2013 年四川成灌快铁全部停运　　图 1-3　2014 年武汉特大洪水

图 1-4　2015 年"苏迪罗"福州市区严重积水　图 1-5　2016 年 7 月河北邢台出现洪灾

3）水环境污染

水污染已经成为我国不亚于水旱灾害，甚至更为严重的一大灾害。根据《2015中国环境状况公报》，2015年全国972个地表水国控断面（点位）覆盖了七大流域、浙闽片河流、西北诸河、西南诸河及太湖、滇池和巢湖的环湖河流共423条河流，以及太湖、滇池和巢湖等62个重点湖泊（水库）。监测表明，Ⅲ类及以下水质断面分别占到30.3%和35.5%。开展营养状态监测的61个湖泊（水库）中，贫营养的6个，中营养的41个，轻度富营养的12个，重度富营养的2个。表1-1为2015年重点湖泊（水库）水质状况，图1-6为2015年七大流域和浙闽片河流、西北诸河、西南诸河水质状况，图1-7为2015年重点湖泊（水库）综合营养状态指数。

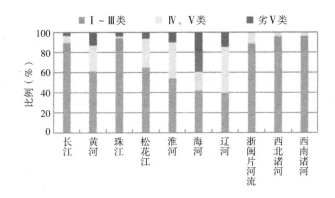

图 1-6　2015 年七大流域和浙闽片河流、西北诸河、西南诸河水质状况

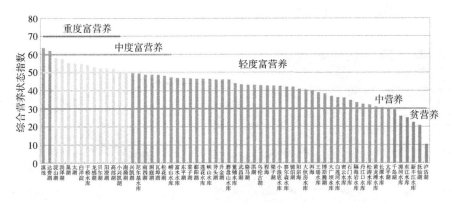

图 1-7　2015 年重点湖泊（水库）综合营养状态指数

2015 年重点湖泊（水库）水质状况   表 1-1

水质状况	三湖	重要湖泊	重要水库
优	—	洱海、抚仙湖、泸沽湖、班公湖	崂山水库、大伙房水库、密云水库、石门水库、隔河岩水库、丹江口水库、松涛水库、黄龙滩水库、长潭水库、太平湖、千岛湖、漳河水库、东江水库、新丰江水库
良好	—	高邮湖、阳澄湖、南漪湖、南四湖、瓦埠湖、东平湖、菜子湖、斧头湖、升金湖、骆马湖、武昌湖、洪湖、梁子湖、镜泊湖	松花湖水库、富水水库、莲花水库、峡山水库、磨盘山水库、董铺水库、小浪底水库、察尔森水库、王瑶水库、大广坝水库、白莲河水库
轻度污染	太湖	洪泽湖、龙感湖、小兴凯湖、兴凯湖、鄱阳湖、阳宗海、博斯腾湖	于桥水库、尼尔基水库
中度污染	巢湖	淀山湖、贝尔湖、洞庭湖	—
重度污染	滇池	达赉湖、白洋淀、乌伦古湖、程海（天然背景值较高所致）	—

　　以地下水含水系统为单元，以潜水为主的浅层地下水和承压水为主的中深层地下水为对象，国土部门对全国 31 个省（区、市）202 个地市级行政区的 5118 个地下水水质监测点中，水质为较差级与极差级的监测点比例分别占到 42.5% 与 18.8%。以流域为单元，水利部门对北方平原区 17 个省（区、市）的重点地区开展了地下水水质监测，监测井主要分布在地下水开发利用程度较大，污染较严重的地区。监测对象以浅层地下水为主，2103 个测站数据评价结果显示，水质较差和极差的测站比例分别为 48.4% 和 31.2%，占到了近 8 成。图 1-8 为水体垃圾污染，图 1-9 为治理后的太湖蓝藻仍未消失。

图 1-8　水体垃圾污染　　　　图 1-9　治理后的太湖蓝藻仍未消失

4）水生态恶化

地表水资源变化主要表现在河流水系变迁，湖泊萎缩干涸，河流下游水量逐年减少，纳污能力丧失，水质污染严重；地下水变化主要表现在地下水天然补给量减少，区域性地下水水位逐年持续下降，地下水水质变差。

地表水过度开发造成河流断流现象日趋严重。目前河流断流已不仅仅出现在干旱少雨的西北部地区，而且频繁发生在水资源相对充裕的西南地区。据初步统计，在流域一、二、三级支流的近 10000km 河长中，已有约 4000km 河道常年干涸。一些河道虽然有水，但主要是由城市废污水和灌溉退水组成，基本没有天然径流。

地表水过度开发还会造成湖泊萎缩。东部平原的东南区域经济发达、人口密集，湖泊受人类活动影响最为强烈，湖泊萎缩也最为严重。随着湖区人口的迅速增长和对土地的迫切要求，20 世纪 50 年代以来在长江、淮河中下游平原湖区以及云贵高原湖区兴起了大规模的围湖垦殖活动，使湖泊面积急剧减少约 13000km^2，这一数字约相当于目前五大淡水湖面积总和的 1.3 倍；因围垦而减少的湖泊容积达 500×10^{8}m^3 以上，相当于 5 大淡水湖现蓄水总容积的 1.2 倍。因此消亡或基本消亡的大小湖泊有上千个。在我国的湖泊围垦中，洞庭湖的围垦首屈一指，自 20 世纪 50 年代以来，总围垦面积在 1700km^2 以上。洞庭湖在建国初期面积为 4350km^2，而目前只有 2625km^2，其面积萎缩如此之快。图 1-10 为河流干涸图，图 1-11 为湖泊萎缩图。

图 1-10 河流干涸

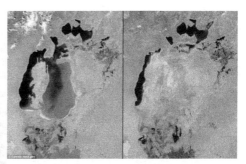

图 1-11 湖泊萎缩

地下水过度开发引起地下漏斗、地面沉降以及海水入侵。我国典型的地面沉降地区分布于各大城市，比较严重的城市北方有天津、沧州、西安、太原；南部有上海、无锡等地，其中上海和天津的沉降超过了 2m，太原和西安也超过 1m。

全国已形成区域地下水降落漏斗一百多个。华北平原深层地下水已形成了跨冀、京、津、鲁的区域地下水降落漏斗，有近 70000km^2 面积的地下水位低于海平面。全国有四十六个城市由于不合理开采地下水而发生了地面沉降，其中沉降中心累计最大沉降量超过 2m 的有上海、天津、太原。图 1-12 为地下漏斗。

图 1-12　地下漏斗

海水入侵。海水沿地下含水层入侵到内陆或海水顺河上溯补给地下水，造成地下水水质恶化、水质变咸。如海河流域近几十年来，随着河流季节化的不断发展和地下水位的急剧下降，在下游平原区及沿岸地区引发了海咸水入侵。海水入侵在本区只发生在河北省秦皇岛市的局部地区，影响范围较小；咸水入侵主要发生在衡水地区和沧州地区，影响范围较广。图 1-13 为海水入侵图。

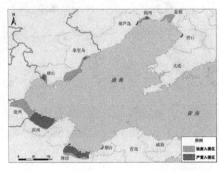

图 1-13　海水入侵

5）水文化匮乏

目前，对水文化引领现代水利、可持续发展水利的重要支撑作用认识不足；

水利法规体系尚待进一步完善，"政府主导、社会支持、群众参与"的水文化建设体制机制尚未建立；水文化研究与解决中国现实水问题结合不够紧密；水文化的传播还不够广泛深入；水文化建设的成果尚不能满足人民群众多元化、多样化、多层次的需求，水文化人才队伍建设亟待进一步加强。

面对全球气候变暖和我国面临的日益复杂的水问题，面对我国生态文明建设的新形势，面对人民群众对水利发展的新期待，面对丰富多彩的社会文化生活，以水利实践为载体，积极推进水文化建设，创造无愧于时代的先进水文化，既是摆在我们面前的一项重大而紧迫的任务，也是时代赋予我们的崇高使命。

1.1.2　内在原因

1）水资源短缺的原因

从地理因素来看，中国每年因降雨获得的水量为 $6000km^3$。平均降雨量为628mm，相当于世界平均降雨量的80％。据1980年的估计数字，中国地表水的年挥发量为 $2638km^3$。包括补给的地下水在内，中国每年的地下水总量为 $872km^3$，而每年提取的地下水总量为 $75km^3$。中国年水资源总量（大约为 $2800km^3$）在世界各国中排第六。然而，人均水资源却只有大约 $2300m^3$，大约是世界平均水平的2/7。表1-2为2014年各水资源一级区水资源量。

2014年各水资源一级区水资源量*					表1-2
水资源一级区	降水量（mm）	地表水资源量（ 10^8m^3 ）	地下水资源量（ 10^8m^3 ）	地下水与地表水资源不重复量（ 10^8m^3 ）	水资源总量（ 10^8m^3 ）
全国	622.3	26263.9	7745.0	1003.0	27266.9
北方6区	316.9	3810.8	2302.5	847.7	4658.5
南方4区	1205.3	22453.1	5442.5	155.3	22608.4
松花江区	511.9	1405.5	486.3	207.9	1613.5
辽河区	425.5	167.0	161.8	72.7	239.7
海河区	427.4	98.0	184.5	118.3	216.2
黄河区	487.4	539.0	378.4	114.7	653.7
淮河区	784.0	510.1	355.9	237.9	748.0
长江区	1100.6	10020.3	2542.1	130.0	10150.3
其中：太湖流域	1288.3	204.0	46.4	24.9	228.9
东南诸河区	1779.1	2212.4	520.9	9.8	2222.2

水资源一级区	降水量(mm)	地表水资源量 (10^8m^3)	地下水资源量 (10^8m^3)	地下水与地表水资 源不重复量(10^8m^3)	水资源总量 (10^8m^3)
珠江区	1567.1	4770.9	1092.6	15.5	4786.4
西南诸河区	1036.8	5449.5	1286.9	0.0	5449.5
西北诸河区	155.8	1091.1	735.6	96.3	1187.4

注：* 为《2014 年中国水资源公报》的数据。

从水资源的地理分布情况来看，中国大致可以一分为二。包括长江在内的中国南方占有全国水资源的 81%，人口占全国的 55%。北方地区拥有黄河、辽河、海河和淮河，占有全国水资源的大约 14%，但其人口却占全国的 43%。结果，北方人均水资源占有量为 750m³，仅仅是南方人均占有量的 20%，大约是世界人均占有量的 10%。

此外，大约 4/5 的水资源分布在南方，而 2/3 的耕地却在北方。结果是，北方每公顷耕地水的占有量仅为南方的 1/8。

中国水资源的另一个特点是降雨量季节性的不平衡。这一特点使得中国北方难以有效地储存和分配雨水。由于亚洲的季节风，北方大多数地区的年降雨量大约为 500mm，与美国北部的大平原地区相当。其中 70% 以上的降雨出现在每年的 6～8 月。这一季节并不是农作物生长的最好季节。冬天通常非常干旱，从而影响冬小麦和晚季稻的生长，因为这两种作物的生长完全依赖于灌溉。

现在，整个北方地区的大约 5.5×10^8 人（相当于美国人口的两倍多）缺乏足够的水。可是，北方农业、工业、服务行业和家庭用水的实际人均水供应量仅仅相当于美国冲马桶、洗车和洗碗的用水量。

2）水安全堪忧的原因

城市内涝灾害是自然气候异常波动与人类城市社会经济活动相互作用的结果。

暴雨事件是城市内涝灾害发生的直接原因。在全球气候异常变化的大背景下，极端暴雨事件有所增加，而频繁出现的暴雨事件直接导致了我国城市内涝灾害的频繁发生。

人类的社会经济活动是城市内涝灾害频发的主要原因。国家发改委副主任胡祖才介绍日前国务院审议通过的《关于深入推进新型城镇化建设的若干意见》有关情况时表示，2015 年，我国城镇化率达到 56.1%，城镇常住人口达到了 7.7×10^8 人。"十二五"时期，我国城镇化率年均提高 1.23 个百分点，每年城镇人口增加 2.0×10^7

人，相当于欧洲一个中等规模国家的总人口。

城市化使得洪涝灾害孕灾环境发生了明显变化。①路面硬化严重，雨水下渗能力不足。一部分经过地面汇流，进入地下排水管网，排入城市河道，引起城市地区河流水位上涨。一部分无处排泄积存在路面上，强降水时导致严重的道路积水；②河道被裁弯取直，河床用混凝土衬砌，河道的天然形态被改变，河道糙率系数降低，降雨径流在城市河网水系间的汇流加快；③城市地区的地下水过量开采导致地面沉降，降低了城市排涝能力。

总之，城市化水平的提高导致了流域下垫面的剧烈变化，直接影响到流域的产汇流规律和对洪水的调节作用，同时随着社会财富向城市的聚集，使得洪涝风险的暴露度大幅度提高，城市的洪水灾害风险显著上升。

3）水环境污染的原因

污水排放量大且处理率低。我国是发展中国家，为了能够发展经济使我国步入发达国家行列，已经相当长时期内实行粗放型经济发展模式，也就是在经济发展过程中不注重环境的保护，企业在生产经营中也不重视节能降耗。为了提高企业的利润，降低对设备的投入成本，不重视对生产废弃物的过滤和处理就直接排放到附近江河湖海中，给水资源造成污染，严重威胁到周围居民的饮水安全。所以我们应该加强对污水的科学处理，过滤达标之后进行排放。

农业面临污染问题严重。我国是农业大国，农业的发展情况直接影响着我国经济的发展，但是农业面临的水资源污染问题也是不容忽视的。当前农民为了提高农作物产出量，使用大量的化肥和农药，不能被作物吸收的农药就附着在作物的表面，有一部分会随着被吸收土壤当中，并通过地表径流而进入到自然水体当中，特别是农业生产当中使用的氮肥，一旦进入水体不仅造成水污染还会导致温室效应的加重，对全球环境的影响很大。

国家政策导向存在一定的偏差性问题。随着我国社会主义市场经济的快速发展，我国政府核算国民经济增长速度的过程中主要是看城镇居民收入程度，对于经济发展所造成的环境污染、资源消耗问题并不是很重视，而且政府导向性在这方面存在着偏差，而且随着经济的发展这种偏差逐渐增大。一方面，当前不合理的产业布局导致高污染的企业在水源上游设厂，不断加重附近水源的水污染情况；另一方面，城市基础建设的薄弱，导致废水得不到相应的过滤和处理，进而加重了当地水资源的污染情况，我们必须对此问题重视。

社会大众环境保护意识存在一定问题。受到宣传力度不到位与国家政策导向偏差性问题的影响，社会大众对于水资源保护与水资源污染防治工作的关注力度不够。生活垃圾随意的倾倒使得城市水体在雨水冲刷下更为严重，进而导致城市水资源污染源多样，最终使得水资源污染防治难度加大。

4）水生态恶化的原因

造成我国水生态问题的原因是多方面的，既有自然历史因素，也有特殊水情原因，更有国情和发展阶段的人为活动影响。多种原因相互交织，共同导致了复杂严峻的水生态问题。

首先，我国生态环境自身条件较为薄弱。生态环境脆弱区占国土面积的60%以上，水生态脆弱区占比大，涉及近半数的省区市。并且由于水资源时空分布不均、水土资源不相匹配等问题突出，使得一些地区水资源环境承载力极易超出负荷。图1-14为全国生态环境质量评价图。

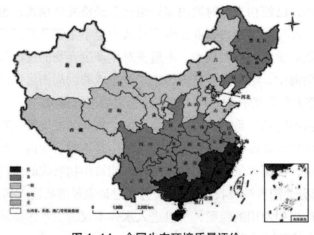

图 1-14　全国生态环境质量评价

（资料来源：环境保护部，全国生态环境质量报告，2014 年）

其次，水资源不合理开发利用是造成水生态环境恶化的主要原因。一些地区环境保护意识不强，重开发轻保护，重建设轻维护，对水资源采取掠夺式、粗放型开发利用方式，超过了水生态环境承载能力；一些部门和单位监管薄弱，执法不严，管理不力，致使许多水生态环境破坏的现象屡禁不止，加剧了水生态环境的退化。同时，长期以来对水生态环境保护和建设的投入不足，也是造成水生态环境恶化的重要原因。

还包括体制机制标准缺失的制约，水利规划体系中生态保护类规划薄弱，生态保护运行管理设计缺失。水工程生态保护技术标准一般包含在水利工程建设其他相关标准之中，没有形成一套完整的标准体系。以及基础设施建设滞后，水利公益性强，工程融资难度大。不少工程建设标准低，相关配套设施、监管体系不完善，水利基础设施建设历史欠账较多，难发挥相关水利工程在保护和修复水生态方面的作用。

5）水文化缺失的原因

在城市化建设的过程中，我们忽视了水文化遗产的保护和构建，水文化保护和构建的完善与否、人水之间的关系是否和谐、人类对待水和水环境的态度和行为等因素直接关系到水资源和水环境的状态，而在当今社会中对于水和人类文明之间的关系的认识恰恰存在着较大的缺失。

当今社会水文化缺失的主要原因：①重视不够。水文化是存在于不同民族、不同地区乡土文化中，它包括人们对水的认识和感受、关于水的观念，管理水的方式、社会规范、法律，对待水的社会行为、治理水和改造水环境的文化结果等，通过宗教、文学艺术、制度、社会行为、物质建设等方面得以表达，这是一种彰显人水和谐关系的文化；②保护不力。对于水文化遗产保护和构建认知也十分模糊，导致许多水文化遗产遭到人为破坏。水文化遗产具有特殊性，它是人类千百年来水事活动的产物，与水密切相关，以水载物，以水载道。文化遗产属于不可再生资源，一旦破坏便无法有效恢复，保护工作责任重大；③投入不足。水文化的丧失及缺失是当代很多地区水问题产生的直接原因。通过对水文化的继承和建设，来加深对水与人类生存和发展的关系的认识，通过水文化的构建，建设起一种人和水环境之间的良性关系，形成合理利用、友好利用、可持续利用水资源和水环境。只有建设起人类和水环境之间的友好关系，才能从根本上解决水问题，保障水的可持续利用。这就是水文化在当代的价值所在。

1.2 海绵城市建设政策

随着城市的发展，原有的排水系统等基础设施已不能满足城市日新月异的变化所带来的需求。近些年，暴雨后城市看海的情况在我国屡有发生，频繁造成人员伤亡和巨额经济损失；水安全、水生态、水污染、水短缺等问题也不断显露。为了改善上述情况，加快新型城镇化建设，我国政府陆续出台相关政策部署、支持海绵城市建设工作。

1.2.1 习近平总书记在中央城镇化工作会议上的讲话

2013 年 12 月 12 日，习近平总书记在中央城镇化工作会议上的讲话：在提升城市排水系统时要优先考虑把有限的雨水留下来，优先考虑利用自然力量排水，建设自然积存、自然渗透、自然净化的"海绵城市"，做到"小雨不积水、大雨不内涝、水体不黑臭、热岛有缓解"。图 1-15 为海绵城市建设示意图。

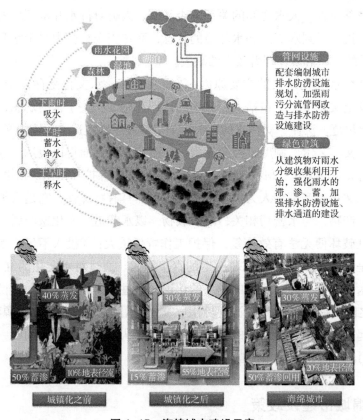

图 1-15 海绵城市建设示意

1.2.2 2014 年，习近平总书记关于国家水安全的相关重要讲话精神

1) 国情水情

水资源时空分布极不均匀、水旱灾害频发，自古以来是我国基本国情。

2）国家水安全形势

我国水安全呈现出新老问题相互交织的严峻形势，特别是水资源短缺、水生态损害、水环境污染等新问题愈加突出。水已经成为我国严重短缺的产品、制约环境质量的主要因素、经济社会发展面临的严重安全问题。

3）重要治水思想

坚持"节水优先、空间均衡、系统治理、两手发力"的思路，实现治水思路的转变。节水优先，是倡导全社会节约每一滴水，营造亲水惜水节水的良好氛围，努力以最小的水资源消耗获取最大的经济社会生态效益；空间均衡，是坚持量水而行、因水制宜，以水定城、以水定产，从生态文明建设的高度审视人口、经济与资源环境的关系，强化水资源环境刚性约束；系统治理，是统筹自然生态各种要素，把治水与治山、治林、治田有机结合起来，协调解决水资源问题；两手发力，是政府和市场协同发挥作用，既使市场在水资源配置中发挥好作用，也更好发挥政府在保障水安全方面的统筹规划、政策引导、制度保障作用。

1.2.3 海绵城市建设历程

1）防涝建设——2013 年 3 月 25 日，发布《国务院办公厅关于做好城市排水防涝设施建设工作的通知》（国办发 [2013]23 号），通知提出：力争用 5 年时间完成排水管网的雨污分流改造，用 10 年左右的时间，建成较为完善的城市排水防涝工程体系。

2）技术导则——2013 年 6 月 8 日，住房和城乡建设部发布《城市排水防涝设施普查数据采集与管理技术导则》（建城 [2013]88 号），技术导则规定了城市排水防涝设施普查的技术路线与方法，确定数据采集、数据录入、数据校核等关键环节的技术要求，明确了城市排水防涝设施普查数据库的基本内容，为城市排水防涝设施基础数据普查和建立管控平台提供技术支撑。

3）规划大纲——2013 年 6 月 18 日，发布《住房城乡建设部关于印发城市排水（雨水）防涝综合规划编制大纲的通知》，规划编制大纲由 10 部分构成：①规划背景与现状概况；②城市排水防涝能力与内涝风险评估；③规划总论；④城市雨水径流控制与资源化利用；⑤城市排水（雨水）管网系统规划；⑥城市防涝系统规划；⑦近期建设规划；⑧管理规划；⑨保障措施；⑩附件。

4）设施建设——2013 年 9 月 16 日，《国务院关于加强城市基础设施建设的意见》（国发 [2013]36 号），意见提出，加快雨污分流管网改造与排水防涝设施建设，解决城市积水内涝问题。

5）国家法规——2013年10月2日，国务院发布《城镇排水与污水处理条例》（国务院令第641号），条例适用于城镇排水与污水处理的规划，城镇排水与污水处理设施的建设、维护与保护，向城镇排水设施排水与污水处理，以及城镇内涝防治。条例共七章五十九条：第一章总则、第二章规划与建设、第三章排水、第四章污水处理、第五章设施维护与保护、第六章法律责任、第七章附则。

6）国家战略——2013年12月，中央城镇化工作会议要求，"建设自然积存、自然渗透、自然净化的海绵城市"。

7）技术导则——2014年5月，发布《住房和城乡建设部、中国气象局关于做好暴雨强度公式修订有关工作的通知》（建城[2014]66号），通知主要内容：①建立暴雨强度公式制、修订工作机制；②建立暴雨强度公式编制与成果共享机制；③暴雨强度公式的批准实施；④健全保障措施，加强城市防涝技术合作。同时发布了《专家指导委员会名单》和《城市暴雨强度公式编制和设计暴雨雨型确定技术导则》。

8）技术指南——2014年10月，住房和城乡建设部发布《海绵城市建设技术指南——低影响开发雨水系统构建（试行）》（城建函[2014]275号），该指南提出基本原则，规划控制目标分解，落实及其构建技术框架，明确内容、要求和方法。

9）资金支持——2014年12月，财政部、住房和城乡建设部和水利部联合下发了《开展中央财政支持海绵城市建设试点工作的通知》（财建[2014]838号），中央财政对海绵城市建设试点给予专项资金补助，采取竞争性评审方式选择试点城市。

10）第一批试点申报——2015年1月，启动2015年海绵城市建设试点城市申报、评审工作，发布《关于组织申报2015年海绵城市建设试点城市的通知》（财办建[2015]4号），明确试点选择流程、评审内容和实施方案编制。

11）国家政策——2015年4月2日，发布《国务院关于印发水污染防治行动计划的通知》（国发[2015]17号），"水十条"：①全面控制污染物排放；②推动经济结构转型升级；③着力节约保护水资源；④强化科技支撑；⑤充分发挥市场机制作用；⑥严格环境执法监管；⑦切实加强水环境管理；⑧全力保障水生态环境安全；⑨明确和落实各方责任；⑩强化公众参与和社会监督。

12）第一批试点城市——2015年4月，公布第一批海绵城市建设16个试点城市名单，按行政区划序列排列如下：迁安、白城、镇江、嘉兴、池州、厦门、萍乡、济南、鹤壁、武汉、常德、南宁、重庆、遂宁、贵安新区和西咸新区。试点城市示范区要求不小于 15km^2。

13）国家政策——2015 年 4 月 25 日，发布《中共中央、国务院关于加快推进生态文明建设的意见》，意见对生态文明建设作出顶层设计和总体部署，贯穿"绿水青山就是金山银山"理念，描绘了实现中华民族永续发展的蓝图。

（1）绿色：大力推进绿色发展，倡导绿色生活，推进绿色城镇化，发展绿色产业，实现生活方式绿色化等。

（2）制度：健全产权制度，完善监管制度，严守生态红线，健全生态保护补偿机制，完善责任追究制度等 10 条硬措施。

（3）理念：推动生态文明建设，关键在人，核心在于形成生态文明的主流价值观。将生态文明纳入社会主义核心价值体系，加强生态文化的宣传教育，倡导勤俭节约、绿色低碳、文明健康的生活方式和消费模式，提高全社会生态文明意识。

（4）路径：到 2020 年，资源节约型和环境友好型社会建设取得重大进展，主体功能区布局基本形成，经济发展质量和效益显著提高，生态文明主流价值观在全社会得到推行，生态文明建设水平与全面建成小康社会目标相适应。

14）奖补资金——2015 年 6 月，发布《城市管网专项资金管理暂行办法》（财建 [2015]201 号），对海绵城市建设安排奖补资金，并向 PPP 模式的项目予以倾斜支持。

15）评价考核——2015 年 7 月 10 日，发布《住房和城乡建设部办公厅关于印发海绵城市建设绩效评价与考核办法（试行）的通知》（建办城函 [2015]635 号），将绩效评价与考核指标分为六个方面，分城市自查、省级评价、部级抽查三个阶段。表 1-3 为 18 项海绵城市建设考核指标。

16）推进指导——2015 年 8 月 10 日，发布《水利部关于推进海绵城市建设水利工作的指导意见的通知》（水规计 [2015]321 号），明确推进海绵城市建设水利工作的总体思路，水利工作的主要任务，水利工作要求。

（1）总体目标：以城市河湖水域及岸线管控和综合整治、防洪排涝体系建设、水资源优化配置和高效利用、水资源保护与水生态修复、水土保持、水管理能力建设为重点，逐步构建"格局合理、蓄泄兼筹、水流通畅、环境优美、管理科学"的海绵城市建设水利保障体系，增强城市防洪排涝、水资源保障、水生态环境等水安全保障能力，与其他海绵城市建设项目和措施统筹衔接，提升城市生态文明建设水平。

（2）主要指标（11 项）：防洪标准、降雨滞蓄率、水域面积率、地表水体水质达标率、雨水资源利用率、再生水利用率、防洪堤达标率、排涝达标率、河湖水系生态防护比例、地下水埋深、新增水土流失治理率。

<h3 style="text-align:center">海绵城市建设考核指标　　　　　　　　表 1-3</h3>

序号	类别	项	考核指标
一	水生态（4项）	1	年径流总量控制率
		2	生态岸线恢复
		3	地下水位
		4	城市热岛效应 *
二	水环境（2项）	5	水环境质量
		6	城市面源污染控制
三	水资源（3项）	7	污水再生利用率
		8	雨水资源利用率
		9	管网漏损控制 *
四	水安全（2项）	10	城市暴雨内涝灾害防治
		11	饮用水安全 *
五	制度建设及执行情况（6项）	12	规划建设管控制度
		13	蓝线、绿线划定与保护
		14	技术规范与标准建设
		15	投融资机制建设
		16	绩效考核与奖励机制
		17	产业化 *
六	显示度（1项）	18	连片示范效应

注：加"*"为鼓励性指标（4项），其他为约束性指标（14项）。

17）建设要求——2015 年 10 月，发布《国务院办公厅印发关于推进海绵城市建设的指导意见》（国办发 [2015]75 号），部署推进海绵城市建设工作，从总体要求，加强规划引领，统筹有序建设，完善支持政策，抓好组织落实几个方面说明。

（1）定义：海绵城市是指通过加强城市规划建设管理，充分发挥建筑、道路和绿地、水系等生态系统对雨水的吸纳、蓄渗和缓释作用，有效控制雨水径流，实现自然积存、自然渗透、自然净化的城市发展方式。

（2）目的：为加快推进海绵城市建设，修复城市水生态、涵养水资源，增强城市防涝能力，扩大公共产品有效投资，提高新型城镇化质量，促进人与自然和谐发展。

（3）目标：通过海绵城市建设，综合采取"渗、滞、蓄、净、用、排"等措施，最大限度地减少城市开发建设对生态环境的影响，将70%的降雨就地消纳和利用。到2020年，城市建成区20%以上的面积达到目标要求；到2030年，城市建成区80%以上的面积达到目标要求；并确定海绵城市建设为国家战略。

（4）要求：统筹推进新老城区海绵城市建设。从2015年起，全国各城市新区、各类园区、成片开发区要全面落实海绵城市建设要求。老城区要结合城镇棚户区和城乡危房改造、老旧小区有机更新等，以解决城市内涝、雨水收集利用、黑臭水体治理为突破口，推进区域整体治理，逐步实现小雨不积水、大雨不内涝、水体不黑臭、热岛有缓解。各地要建立海绵城市建设工程项目储备制度，编制项目滚动规划和年度建设计划，避免大拆大建。

18）成立专家委员会——2015年11月，为加强海绵城市建设技术指导，充分发挥专家在海绵城市建设领域中的重要作用，不断提高我国海绵城市建设管理水平，住房和城乡建设部成立了"住房和城乡建设部海绵城市建设技术指导专家委员会"。

19）开发性金融支持——2015年12月，发布《住房和城乡建设部 国家开发银行关于推进开发性金融支持海绵城市建设的通知》（建城[2015]208号），从项目储备制度、信贷支持力度、工作协调机制几个方面发挥开发性金融对海绵城市建设的支持作用。

20）政策性金融支持——2016年1月，发布《住房和城乡建设部 中国农业发展银行关于推进政策性金融支持海绵城市建设的通知》（建城[2015]240号），从项目储备制度、信贷支持、创新运用PPP等融资模式协调工作机制几个方面加大政策性金融对海绵城市建设的支持力度。

21）标准体系——2016年1月22日，发布《住房和城乡建设部关于印发城市综合管廊和海绵城市建设国家建筑标准设计体系的通知》（建质函[2016]18号），主要内容：新建、扩建和改建的海绵型建筑与小区、海绵型道路与广场、海绵型公园绿地、城市水系中与保护生态环境相关的技术及相关基础设施的建设、施工验收及运行管理。

22）推广普及——2016年2月4日，发布《国家发展改革委、住房城乡建设部关于印发城市适应气候变化行动方案的通知》（发改气候 [2016]245 号），全球气候变化是当今世界以及今后长时期内人类共同面临的巨大挑战，城市人口密度大、经济集中度高，受气候变化的影响尤为严重气候变化导致高温热浪、暴雨、雾霾等灾害增多，北方和西南干旱化趋势加强，登陆台风强度增大，加剧沿海地区咸潮入侵风险，已经并将持续影响城市生命线系统运行、人居环境质量和居民生命财产安全。

23）推广普及——2016 年 2 月 6 日，中共中央、国务院发布《关于进一步加强城市规划建设管理工作的若干意见》，提出要推进海绵城市建设，营造城市宜居环境。充分利用自然山体、河湖湿地、耕地、林地、草地等生态空间，建设海绵城市，提升水源涵养能力，缓解雨洪内涝压力，促进水资源循环利用。鼓励单位、社区和居民家庭安装雨水收集装置。大幅度减少城市硬覆盖地面，推广透水建材铺装，大力建设雨水花园、储水池塘、湿地公园、下沉式绿地等雨水滞留设施，让雨水自然积存、自然渗透、自然净化，不断提高城市雨水就地蓄积、渗透比例。

24）标准体系——2016 年 2 月，发布《住房和城乡建设部关于印发城市综合管廊和海绵城市建设国家建筑标准设计体系的通知》（建质函 [2016]18 号），明确了海绵城市建设国家建筑标准设计体系，包括规划设计、源头径流控制体系、城市雨水管渠系统、超标雨水径流排放系统。

25）第二批试点申报——2016 年 3 月，发布《关于开展 2016 年中央财政支持海绵城市建设试点工作的通知》（财办建 [2016]25 号），明确 2016 年海绵城市建设试点申报的选择流程、评审内容和实施方案编制等事宜。

26）编制要求——2016 年 3 月 11 日，发布《住房和城乡建设部关于印发海绵城市专项规划编制暂行规定的通知》（建规 [2016]50 号），对海绵城市专项规划的编制工作进行部署，包括总则、组织、内容、附则。

27）评价考核——2016 年 4 月，发布《关于印发城市管网专项资金绩效评价暂行办法的通知》（财建 [2016]52 号），海绵城市建设试点绩效评价指标包括：资金使用和管理、政府和社会资本合作、成本补偿保障机制、产出数量、项目效益、技术路线。

28）第二批试点城市——2016 年 4 月，公布第二批海绵城市建设 14 个试点城市名单，按行政区划序列排列如下：北京市、天津市、大连市、上海市、宁波市、福州市、青岛市、珠海市、深圳市、三亚市、玉溪市、庆阳市、西宁市和固原市。

29）推广普及——2016 年 8 月 16 日，发布《住房和城乡建设部关于提高城市排水防涝能力推进城市地下综合管廊建设的通知》(建城 [2016]174 号),要求:①做好城市排水防涝设施建设规划、城市地下综合管廊工程规划、城市工程管线综合规划等的相互衔接,切实提高各类规划的科学性、系统性和可实施性,实现地下空间的统筹协调利用,合理安排城市地下综合管廊和排水防涝设施,科学确定近期建设工程;②要严格按照国家标准《室外排水设计规范》确定的内涝防治标准,将城市排水防涝与城市地下综合管廊、海绵城市建设协同推进,坚持自然与人工相结合、地上与地下相结合,发挥"渗、滞、蓄、净、用、排"的作用,构建以"源头减排系统、排水管渠系统、排涝除险系统、超标应急系统"为主要内容的城市排水防涝工程体系,并与城市防洪规划做好衔接;③要放宽市场准入,鼓励支持社会资本参与城市地下综合管廊和排水防涝设施建设。严格落实管线入廊制度,已建成城市地下综合管廊的主次干路,规划管线必须入廊,不得再开挖敷设管线。严格实施城市地下综合管廊有偿使用制度,建立合理的收费机制。

30)行动计划——2016 年 10 月 28 日,发改委等九部门发布《关于印发全民节水行动计划的通知》(发改环资 [2016]2259 号)。根据规划,我国将积极利用非常规水源。在建设城市污水处理设施时,应预留再生处理设施空间,根据再生水用户布局配套再生储存和输配设施。加快污水处理及再生利用设施提标改造,增加高品质再生水利用规模。加快推进海水淡化水作为生活用水补充水源,鼓励地方支持主要为市政供水的海水淡化项目,实施海岛海水淡化示范工程。推进海绵城市建设。并推行合同节水管理,鼓励专业化服务公司通过募集资本、集成技术,为用水单位提供节水改造和管理,形成基于市场机制的节水服务模式。鼓励节水服务企业整合市场资源要素,加强商业模式创新,培育具有竞争力的大型现代节水服务企业。

31)指导意见——2016 年 12 月,住房和城乡建设部发布《关于加强生态修复城市修补工作的指导意见》(征求意见稿),"生态修复、城市修补"是指用再生态的理念,修复城市中被破坏的自然环境和地形地貌,改善生态环境质量;用更新织补的理念,拆除违章建筑,修复城市设施、空间环境、景观风貌,提升城市特色和活力。开展生态修复、城市修补(以下简称"双修")是治理"城市病"、保障改善民生的重大举措,是适应经济发展新常态,大力推动供给侧结构性改革的有效途径,是城市转型发展的重要标志。

2017 年,制定"双修"实施计划,推进一批富有成效的示范项目;2020 年,"双修"工作在全国全面推开;2030 年,"双修"取得显著成效,实现城市向内涵集约发展方式的转变。

32）考核规定——2016年12月，环境保护部等十九部门发布《关于印发水污染防治行动计划实施情况考核规定（试行）的通知》（环水体[2016]179号），规定适用于对各省（区、市）人民政府《水污染防治行动计划》实施情况及水环境质量管理的年度考核和终期考核。考核内容包括水环境质量目标完成情况和水污染防治重点工作完成情况两个方面。以水环境质量目标完成情况作为刚性要求，兼顾水污染防治重点工作完成情况。

1.3 境外主流技术介绍

1.3.1 美国

1）最佳管理措施

最佳管理措施（Best Management Practices，BMPs）是由美国联邦水污染控制法及其后来的修正案中提出来的。最初最佳管理措施的主要作用是控制非点源污染问题，而发展到现在，最佳管理措施强调利用综合措施解决水量、水质和生态等问题。

（1）最佳管理措施的分类

最佳管理措施可以分为工程性措施和非工程性措施两大类。工程性措施主要包括雨水池（塘）、雨水湿地、渗透设施、生物滞留和过滤设施等；非工程性措施则主要指雨洪控制与管理有关的政策及相关法律、法规。

（2）最佳管理措施的管理目标

最佳管理措施的目标主要包括以下几个方面：①对城市雨洪峰流量及城市雨洪总量的控制，而总量控制主要的对象是年均径流量而非偶然的暴雨事件；②对径流污染物总量的控制；③对地下水回灌与接纳水体保护；④生态敏感性雨洪管理，目的是要建立一个生态可持续的综合性措施，包括以生物、化学和物理的标准来确定最佳管理措施实施的效果。图1-16为最佳管理措施类型图。

2）低影响开发模式

低影响开发（Low Impact Development，LID）模式于1990年在美国马里兰州Prince George's County提出，低影响开发（LID）是从基于微观尺度景观控制的最佳管理措施（BMPs）措施发展而来，其核心是通过合理的场地开发方式，模拟自然水循环，达到降低运行费用、提高效率、减小对现有自然环境破坏的目的。与传统的雨水径流管理模式不同，低影响开发模式尽量通过一系列多样化、小型化、本地化、经济合算的景观设施来控制城市雨水径流的源头污染。它的基本特点是从整个城市系统出发，采取接近自然系统的技术措施，以尽量减少城市发展对环境的影响为目的来进行城市径流污染的控制和管理。因此，社区尺度是低影响开发（LID）发挥的最佳尺度。

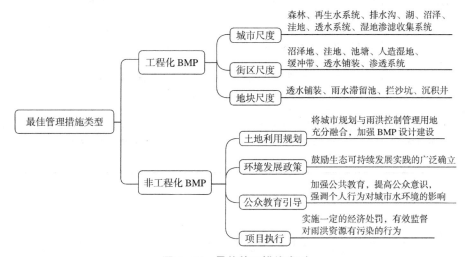

图 1-16　最佳管理措施类型

　　低影响开发（LID）策略的实施包含两种措施，即结构性措施和非结构性措施。结构性措施，包含湿地、生物滞留池、雨水收集槽、植被过滤带、塘、洼地等。非结构性措施，包括街道和建筑的合理布局，如已增大的植被面积和可透水路面的面积。在不同的气候条件，不同的地区，不同措施的处理效果也有所不同。根据目前的实验资料可知：低影响开发（LID）可以减少约 30% ~ 99% 的暴雨径流并延迟大约 5 ~ 20 min 的暴雨径流峰值时间；可有效去除雨水径流中的磷、油脂、氮、重金属等污染物，并具有中和酸雨的效果，是可持续发展技术的核心之一。美国西雅图市 SEA Street 采用自然排水系统后，经过 3 年监测表明暴雨径流总量减少 99%。在美国波特兰，设计者将雨水花园、植被浅沟等技术措施巧妙地融入街道的绿化和景观设计中，形成一个集雨水收集、滞留、渗透和净化等多功能的综合系统，赋予街道雨洪控制利用功能。表 1-4 为低影响开发（LID）措施技术体系分类表。

低影响开发（LID）措施技术体系分类 表 1-4

分类	内容
保护性设计	通过保护开发空间，如减少不透水区域的面积，减少径流量
渗透技术	利用渗透既可减少径流量，也可以处理和控制径流，还可以补充土壤水分和地下水
径流调蓄	对不透水面产生的径流调蓄利用、逐渐渗透、蒸发等，减少径流排放量，削减峰流量，防止侵蚀
径流输送技术	采用生态化的输送系统来降低径流流速，延缓径流峰值时间等
过滤技术	通过土壤过滤、吸附、生物等作用来处理径流污染。通常和渗透一样可以减少径流量、补充地下水、增加河流的基流、降低温度对受纳水体的影响
低影响景观	把雨洪控制利用措施与景观相结合，选择合适场地和土壤条件的植物，防止土壤流失和去除污染物等，低影响景观可以减少不透水面积、提高渗透潜力、改善场地的美学质量和生态环境等

1.3.2 英国

英国为解决传统的排水体制产生的洪涝多发、污染严重以及对环境破坏等问题，将长期的环境和社会因素纳入到排水体制及系统中，建立了可持续城市排水系统（SUDS-Sustainable Urban Drainage Systems）。可持续城市排水系统可以分为源头控制、中途控制和末端控制三种途径。可持续城市排水系统综合考虑在城市水环境中水质、水量和地表水舒适宜人的娱乐游憩价值。可持续城市排水系统由传统的以"排放"为核心的排水系统上升到维持良性水循环高度的可持续排水系统，综合考虑径流的水质、水量、景观潜力、生态价值等。由原来只对城市排水设施的优化上升到对整个区域水系统优化，不但考虑雨水而且也考虑城市污水与再生水，通过综合措施来改善城市整体水循环。

1）可持续城市排水系统（SUDS）设计理念

可持续城市排水系统体系要求从源头处理径流和潜在的污染源，保护水资源免于点源与非点源的污染。首先利用家庭、社区等源头管理方法对径流和污染物进行控制，再到较大的下游场地和区域控制，在径流产生到最终排放整个链带上分级削减、控制（渗透或利用）产生的径流，而不是通过管理链的全部阶段来处置所有的径流。

2）可持续城市排水系统的特点

与传统的城市排水系统相比，可持续排水系统具有以下特点：①科学管理径流流量，减少城市化带来的雨水洪涝问题；②提高径流水质、保护水环境；③排水系统与环境格局的协调并符合当地的需求；④增加雨水的入渗，补充地下水等。图 1-17 为传统系统与 SUDS 系统的关系图。

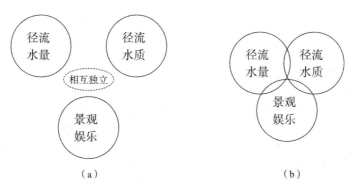

（a）   （b）

图 1-17　传统系统与 SUDS 系统的关系

（a）传统城市排水系统；（b）可持续城市排水系统 SUDS

1.3.3　澳大利亚

水敏感性城市设计（WSUD-Water Sensitive Urban Design）是澳大利亚对传统的开发措施的改进。通过城市规划和设计的整体分析方法来减少对自然水循环的负面影响并保护水生态系统的健康，将城市水循环归为一个整体，将雨洪管理、供水和污水管理一体化。

1）水敏感性城市设计理念

水敏感性城市设计体系是以水循环为核心，主要是把雨水、给水、污水（中水）管理作为水循环的各个环节，这些环节都相互联系、相互影响，统筹考虑，打破传统的单一模式，同时兼顾景观、生态。雨水系统是水敏感性城市设计中最重要的子系统，必须具备一个良性的雨水子系统才有可能维持城市的良性水循环。

2）水敏感性城市设计原则

水敏感性城市设计认为城市的基础设施和建筑形式应与场地的自然特征相一致，并将雨水、污水作为一种资源加以利用。其关键性的原则包括：①保护现有的自然和生态特征；②维持汇水区内自然水文条件；③保护地表和地下水水质；

④采取节水措施，减少给水管网系统的供水负荷；⑤提高污水循环利用率，减少污水排放；⑥将雨水、污水与景观结合来提高视觉、社会、文化和生态的价值。图1-18为传统城市发展及与WSUD结合的城市发展模式之比较图。

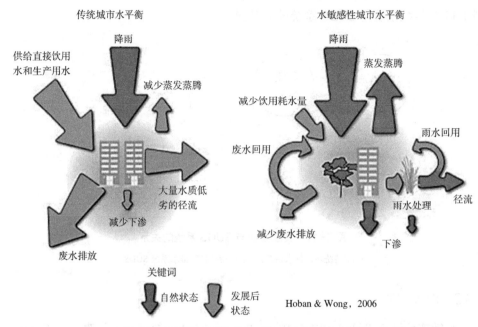

图1-18　传统城市发展及与WSUD结合的城市发展模式之比较

（资料来源：http://www.equatica.com.au/Darwin/about-introwsud. html）

1.3.4　新西兰

新西兰提出的低影响城市设计和开发 (LIUDD) 是美国低影响开发 (LID) 理念与澳大利亚水敏感性城市设计 (WSUD) 理念的结合。它不仅应用于城市范围，还可用于城市周边及农村，从而促进低影响农村住区的设计和开发。

LIUDD 的综合理念可以用式（1-1）表示：

$$LIUDD = LID+CSD+ICM(+SB) \tag{1-1}$$

式中 LID 代表低影响开发，CSD 为小区域保护，ICM 为综合流域管理，SB 是可持续建筑／绿色建筑。因此，在城市发展区域中，选择最适宜的场地是LIUDD 成功的关键。LIUDD 的控制原则主要体现为：实现自然和谐循环的共识，最大限度减少负面效应和优化各类设施；通过场地的合理选择，进行基础设施的建设及生态保护设计，最大限度地实现资源利用和废物处置本地化；利用小区域保护方法（分散式）来保持开放空间和提高基础设施的效率，综合管理给水、污水、雨水，形成水环境的良性循环。

除此之外，在新西兰奥克兰雨洪管理实践中，典型且行之有效的实践经验包括：

1）详细的信息系统的构建，随着现代雨洪管理的发展，有关雨洪管理的信息包括来自其他部门或居民的信息大量增加，如何收集、分类、储存和共享这些信息越发重要；

2）规范计算机模型评价导则，通过计算机模型模拟洪水水量、洪水水位和地表径流，并根据模型模拟的结果对实际措施进行相应的调整；

3）雨洪基建项目管理采用决策优化管理措施，对于包括新建、改建或扩建项目利用雨洪基建项目重要性评价系统，从经济、环境、文化和社会四方面进行打分；

4）除了对雨洪控制系统进行详细设计计算之外，还要建立健全相应的机制对系统进行运营与维护，并且建立相应的工作小组来应对雨洪紧急问题。

1.3.5 中国台湾

近十年来，台湾地区因为人口增长、气候变迁、用水设施需求的增加以及城市化不断发展导致用水结构发生极大变化，因而引发水源的问题日益严重。不仅如此，台湾地区每年夏季更是直面来自太平洋台风的肆虐，台风带来充沛雨量的同时也会导致洪涝灾害的发生，因此如何进行合理的雨洪调控也成为台湾急需解决的问题。

纵观台湾地区，其每年降雨量及用水量为世界平均值的 2.6 倍，若仅论雨量，实际台湾并不缺水，但是因为降雨的时间及空间上的分布不均，并且台湾地形多是山地，无法有效截留雨水径流并进行合理利用。因此台湾提出了《建筑物雨水贮留利用设计技术规范》，该规范为促进水资源有效利用，在不妨碍居住环境的安全、健康及舒适条件下，提供了建筑物雨水回收再利用的设计标准。台湾地区对于建筑物雨水贮留利用设施计算有详细的表格，不同的建筑物要求不同，并且规定必须对雨水利用措施进行合理估算。此外，台湾对雨水利用设施的安全维护管理非常重视，这是中国大陆地区值得借鉴的，因为维护管理是否到位，可以直接影响到雨水利用设施的实际效能及使用寿命。表 1-5 为建筑物雨水贮留利用设施计算表，表 1-6 为建筑物雨水贮留设施检查及维护注意事项表。

建筑物雨水贮留利用设施计算 表 1-5

一、建筑物基本资料			
建筑物名称		总楼地板面积（m^2）	
基地所在区域		居室总楼地板面积（m^2）	
日降雨概率 P		日平均雨量 R	
集雨面积 A_r		贮水倍数 N_s	

二、雨水贮留利用率评估项目

A、自来水代替水量 W_s

$$\begin{cases} \text{日集雨量 } W_r = R \times A_r \times P = (\quad) \\ \text{雨水利用设计量 } W_d = \sum ri = (\quad) \end{cases} \Rightarrow W_s = (W_s \text{ 以 } W_r \text{ 中 } W_d \text{ 中较小者代入})$$

B、建筑类别总用水量 W_t

评估项目	建筑类型	规模类型	单位面积用水量 $W_f[\text{L}/(m^2 \cdot d)]$	A_r 或 N_f	全栋建筑用水量 $W(\text{L}/d)$

C、雨水贮留利用率 $R_c = W_s \div W_t =$ 雨水贮留利用基率 $R_{cc} =$

D、最小雨水储水槽容量 $V_{sm} = N_s \times W_s =$

E、实际雨水储水槽容积 $V_s =$

三、雨水贮留设计及格标准检讨	左列评估是否皆合格？	
（1）$R_c \geq R_{cc}$？ （2）$V_s \geq V_{sm}$？	合格	
	不合格	

签证人	姓名：	（签证）	开业证书字号：
	事务所名称：	建筑师事务所	
	事务所地址：		

建筑物雨水贮留设施检查及维护注意事项 表 1-6

设施类别	建议检查间隔	检查/维护重点
集水设施	1个月或降雨间隔超过10日的单场降雨后	污/杂物清理排除
输水设施	1个月	污/杂物清理排除、渗漏检点
处理设施	3个月或降雨间隔超过10日的当场降雨后	污/杂物清除、设备功能检点
储水设施	6个月	污/杂物清理排除、渗漏检点
安全设施	1个月	设施功能检点

注：1. 集水设施包括建筑物收集面相关设备，如落水头/截留渠等；

2. 输水设施包括排水管路/给水管路以及连接储水槽与处理设施间的连通管路等；

3. 处理设施包括雨水前处理、初期雨水排除、沉淀或过滤设施以及消毒设施；

4. 储水设施指雨水储水槽、缓衡槽以及配水槽；

5. 安全设施如维护人孔盖的安全开关、围栏或防止漏电等设施。

1.3.6 新加坡

新加坡作为一个面积狭小的东南亚岛国，随着其城市发展和人口密度的增加，城市问题已经到了难以解决的地步。城市住房短缺以及不卫生的生活条件在城市中心区随处可见。为了应对城市化进程中的环境问题，早在 20 世纪五六十年代开始，新加坡根据本国的自然和社会条件进行总体城市规划，并且逐步形成了一套集人文、自然、经济为一体的城市良性发展模式。

2006 年，由新加坡政府和德国戴水道设计公司共同参与设计的中央地区水环境总体规划和"活力 Active、美观 Beautiful、洁净 Clean Water"的城市导则——ABC 城市设计导则正式开始推行。

ABC（活力 Active、美观 Beautiful、洁净 Clean Water）城市设计导则作为城市长期发展策略的环境指导，其旨在转换新加坡的水体结构，使其超越防洪保护、排水和供水的功能。综合环境（绿色）、水体（蓝色）和社区（橙色）创造充满活力、能够增强社会凝集力的可持续城市发展空间。到 2030 年，将有 100 多个地点被确认阶段性实施，与已经完成的 20 个项目一起，成为新加坡未来发展的基础。

从 2014 年 1 月 1 日起，新加坡公共事务局 PUB 发出强制性指标，所有的新建和重建地区必须通过计算，设立就地调蓄和滞留设施削减雨水径流量，并规定排入市政管网的雨水流量不得超过该地区峰值流量的 65% ~ 75%。调蓄设施的计算需要考虑构筑物、地表高程和地下空间，并兼顾宜居和景观效果。图 1-19 为新加坡超过 80% 的降雨将被变成饮用水源。

图 1-19 新加坡超过 80% 的降雨将被变成饮用水源

1.3.7 德国

德国在雨洪管理方面位居世界前列，在 20 世纪 80 年代以来陆续建立及完善雨洪管理利用措施。1989 年德国出版了第一版雨洪利用标准《雨水利用设施标准》。1996 年德国联邦水法新增条款中甚至补充"避免雨水径流增加"、"雨水零排放"等规定。德国的雨水利用技术已经进入标准化、产业化阶段，并且不断走向集成化、综合化方向。城市雨水兼具有资源化、减量化、缓解洪涝灾害、补充灌溉地下水及使雨水利用措施与公园绿地相结合的综合性目标。

德国城市雨水利用目标的实施不仅仅依赖技术上的保障，还要与当地政府政策法规配合。德国是一个水资源充沛的国家，年均降雨量达到 800mm 以上。不仅如此，其降雨在时间及空间上的分配较为均匀，不存在较大的缺水问题，能够成为世界上雨水利用技术最为先进的国家，究其原因，一方面是通过经济手段，以价制量，征收高额的雨水排放费用，让用户及开发商在进行经济开发时必须考虑雨水利用措施；另一方面由于国家层面的法律规定，大型公用建筑、居住小区、商业区等地新建或改建的时候，必须采用雨水利用措施，否则不予立项。除此之外，德国还鼓励雨水相关市场的发展，积极推广雨水技术的普及。在德国，国家根据雨水利用程度减免用户的雨水排放费，其雨水排放费用与污水排放费用一样昂贵，通常为自来水费的 1.5 倍。由于德国年均降雨量较大，所以对于独门独户的德国家庭来说，少交和免交雨水排放费可以节省一笔相当可观的费用。从开发商的角度来说，一方面只有具有雨水利用措施的开发方案才可以获得政府批准，项目才可获得立项；另一方面，如果其开发方案中包含有雨水利用措施也会成为客户重点考虑的对象，产品会更受住户青睐。总而言之，通过技术手段作为保障，并且利用经济及法律手段鼓励开发商及业主共同推广雨洪利用技术，可以达到雨水利用的良性循环。

1.3.8 日本

日本也是较早开始实施雨水利用的发达国家。日本首都东京及其周边年平均降雨量可以达到 1400mm 以上，降雨充沛，但是充沛的降雨并没有给城市居民带来不便，雨后湿润的路面上很难找到积水的洼地。这一切源于 100 多年来东京地下排水设施的发展。这些地下排水设施包括蓄水设施，准确来说，应该是蓄水"宫殿"。从 20 世纪 80 年代开始就运用地下储水设施来集中应对公园、小区、街道的降雨。遇到超重现期的暴雨时，如果下水道的水位急剧上升，雨水将会自动溢流进入蓄水"宫殿"，以此来缓解城市内涝；待降雨减少或者干旱之时，下水道水位下降，蓄水池内积存的雨水又自动回流到下水道。

除此之外，日本东京的外围排水系统更加著名。该系统是迄今为止世界上规模最大的排水系统，其深埋地下 50 多米、全长 6.3km。外面排水系统与上述的市内蓄水池类似，不过前者的规模比后者大好几倍。该系统由 5 个巨大的圆形蓄水坑、管径达到 10m 的输水管道以及更为巨大的"调压水槽"构成。图 1-20 为日本外围排水系统"宫殿"图。

图 1-20　日本外围排水系统"宫殿"

日本除了地下排水系统闻名世界，其雨水收集与利用措施也值得借鉴。此处笔者主要介绍一下东京的雨水利用及补助金制度。在东京的墨田区内设置雨水利用装置的单位及居民可以申请补助。只要申请者在施工前提交工程配置图、给水排水系统图、蓄水规模等文件，并在竣工后提交雨水储蓄装置的安装说明书等证明材料，即可向当局申请数量可观的补助金。

1.3.9　法国

法国是现代城市建设的起源国之一，城镇化进程起步早、水平高。由于境内河流纵横、地势多元，面临较为严峻的内涝威胁，历史上曾发生过巴黎被淹的严重事件。对此，法国在城镇化建设中，始终注重增强城市的海绵功能，逐步形成了一系列成熟做法。总体看，法国城市建设因地制宜、各有侧重，通过"渗、滞、蓄、排、净、用"等多种功能匹配，对降水进行全程管控，缓解了内涝风险，有效提升了水资源循环利用率。主要做法：

1）注重源头整治，做大"海绵体"，提升"渗、滞"功能。法国一向重视做好雨水的源头控制，通过建造屋顶绿地、下凹式绿地、活水公园、道路绿化带、透水砖铺装等"低影响开发"，不断做大、做厚城市海绵体，实现地表雨水源头分散、慢排缓释，不断增强"渗、滞"能力，达到削减降水峰值流量、缓解管网压力的效果。除了建设传统绿地外，特别注重对路面、楼面、广场和停车场的开发利用。针对路面，在市政道路两侧建造低洼的人行道或绿地，通过对地形塑造将降水引流至树池、草坪等缓冲区，削弱和控制地表径流。针对楼面，大力推进"绿色屋顶"建设。民众在屋顶和阳台种花植树、开辟绿地已蔚然成风。2015 年法国通过专门法律，规定在新建商业楼顶必须开辟绿地（或安装太阳能板），充分发挥"绿色屋顶"的环境功能。针对广场，采用透水铺装或下沉式设计。在雨量正常时，雨水渗入地下或流入周边专用雨水收集池。遇暴雨时，广场本身可成为巨型蓄水池，有效滞留过量雨水，分担市政管网压力。针对停车场，在社区周边地下或半地下大型停车场底层开辟专门雨水涵道和蓄水池，一旦雨量增大可视情"丢车保帅"，化解社区内涝威胁。此外，法国非常注意利用自然水系池沼，在大型城市周边建设防涝泄洪缓冲地带。

2）加强中段管理，重视管网建设，确保"蓄、排"得力。着力修建城市雨水调蓄池，打造降水缓存设施。波尔多市在城市环线铁路、轻轨沿线地下修建多个大型调蓄池，普通调蓄池直径 60m、深 24m，能够储存周边 170hm^2 流域的 65000m^3 雨水，最大调蓄池储量高达 2.0×10^5m^3。雨水进入调蓄池内部，经沉淀后按不同清浊程度分别被引入河流或污水处理厂，沉淀物运至垃圾处理厂。巴黎地区在不同时期共建有 6000 多个规模各异的地下调蓄池。科学建设排水管网，许多城市建有常态排水和超级排水两大管网系统。遇到不足 10 年一遇的降雨时，利用常态系统通过管线、泵站等迅速排水，保障城市正常运转。遇到持续暴雨等超量降水时，启用溢洪沟渠和部分道路等，将超量雨水迅速导至城市外围的河流、湖泊进行调蓄和排水。法国著名设计师奥斯曼依据人体循环原理，设计建造了堪称全球典范的巴黎城市排水系统。他认为，排水管道犹如人体血管，应深埋地下，及时吸收地表渗水；排污则如人体排毒，应通过管道直接排出城区，避免直接倾入市内河流。经过一个多世纪的发展，巴黎地下排水系统密如蛛网，长度约

2500km，部分干线深埋地下 50 多米。主要管线宽如隧道，中间是 3m 宽的排水道，两侧是 1m 宽的检修道，应对超大量排水游刃有余。尽管今年巴黎遭遇百年一遇的强降水，但得益于完善的排水系统，城区未发生大的内涝。此外，管网内部还建有饮用水、天然气、电缆、真空式邮政速递管道，较好地实现了城市地下管线综合利用。图 1-21 为巴黎城市排水系统图。

图 1-21　巴黎城市排水系统

3）抓好末端治理，重视水循环利用，实现"净、用"结合。法国在建设海绵城市的过程中，形成了"节水 + 护水"的绿色发展理念，不仅重视防治内涝，也注意污水处理，避免径流污染。巴黎市于 1999 年实现对城市废水和雨水100% 处理，有效保护了塞纳河的水体质量。目前，该市共建有四座大型污水处理厂，日净化能力 3×10^6 多立方米，每年从污水中回收 $1.5 \times 10^4 \mathrm{m}^3$ 固体垃圾。建有多座备用污水处理站点，专门在雨季对增量排水进行净化。污水经净化后直接排入塞纳河。巴黎市每天从塞纳河抽取 $4 \times 10^5 \mathrm{m}^3$ 非饮用水，用于冲洗市内街道和浇灌绿地。塞纳河底建有 7 条自动虹吸渠，可将雨水或污水从低到高、自城南向城北传输，统筹调配水处理能力和水资源分配。近年来，在当地政府主推的"大巴黎计划"中，将继续增建蓄水和净水站点，以提高对雨水的收集与再利用。加强雨水循环利用已成为法国城建规划的重点之一。里昂市将市内各处道路规模、土壤类别、地形走势等信息统一梳理并公示，新建项目须以此为参考，将雨水管理纳入建设规划，接受当地政府查验。政府负责对水质进行监测和管控。凭借精细化的城市水循环和监管体系，里昂市多次在国际城市水务管理评比中获得冠军。

4）完善监控和预警网络，智能、高效地辅助管控雨洪。波尔多市 RAMSES 系统是法国最早建成的综合远程雨洪监控系统。该系统由苏伊士环境集团开发，具有强大的数据监测和处理能力，其数据库每 5min 更新一次，借助大型计算机实时分析气象、计量、水文和水力数据，24h 监控流域内 150 多条河流和市内调蓄池、泵站等防洪排涝系统，对蓄排水管网进行动态管理。RAMSES 系统可在旱季提前 24h、在雨季提前 6h 预测洪水的生成时间、位置和水量，并在第一时间发出 A、B、C 三级预警，每年启动 4 ~ 5 次。历史上波尔多市洪涝灾害频发，但自 1990 年 RAMSES 系统建成后，该市已成功应对 300 多次洪涝威胁。巴黎、马赛等大型城市也在积极建设和不断完善城市雨洪监控系统。巴黎市自 1992 年启用下水道网络管理系统，该系统拥有 20 处终端，由 15 个 4 人工作组负责监控，以确保每段下水道每年检查两次，由 600 多名专业人员"智能、高效"地对排水管网进行维护与清洁。

1.3.10 韩国

韩国首都首尔市在过去 60 年间经历了急速的城市化进程，在跨入国际一流大都市行列的同时，也染上了区域性水循环恶化等都市病。在这一时期，首尔地区的地表不透水率增长了 6 倍，降水排水越来越多地依赖人工排水设施，削弱了自然水循环能力。为改变这种局面，首尔市政府制定了《建设健康的水循环城市综合发展规划》，从提高地表的渗透性入手，提升土地自身的蓄水能力，将首尔市打造成"让水可以呼吸的绿色城市"。图 1-22 为韩国人行道透水性改造示范工程现场图。

图 1-22　韩国人行道透水性改造示范工程现场

根据首尔市的统计数据，1962 年首尔市的地表不透水率仅为 7.8%，而到了 2010 年，这一比率已经高达 47.7%。与之对应的是，首尔市 1962 年降水总量中通过地表排出的比例仅为 10.6%，而 2010 年这一数值已经增长到 51.9%。地表排水比例的提升使下水管道等城市排水系统面临的压力越来越大，同时还带来了包括地表水蒸发减少、城市热岛化、地下水水位下降、河川干涸、气候变化引发的干旱或洪水等许多复杂问题。

城市水循环与市民生活息息相关，问题的不断升级迫使首尔市政府下决心从制度上保障城市水循环的改善，并于 2013 年 10 月底发布了《建设健康的水循环城市综合发展规划》，提出到 2050 年大气降水地表直接排出比例下降 21.9%，地下基底排出增长 2.2 倍，使年平均降水量的 40% 成为地下水的推进目标。该规划的实质就是发挥土壤如海绵似的吸水、储水作用。

为此，首尔市提出了五方面的解决方案：①以政府机关为先导，改善地表透水状况。首先在沥青、花岗岩覆盖的道路两侧修建绿化带，同时使道路地形便于雨水的自然渗入，分阶段地将路边人行道和停车场的不透水地砖更换为透水地砖。特别是从 2015 年开始，首尔市将确保人行道等设施的透水性列为义务性措施。②引导城市拆迁改造工程优先考虑水循环恢复。首尔市规定，未来针对老旧小区的拆迁改造工程在设计审核阶段，主管部门必须首先和水循环管理部门对方案进行事先商议，有效降低城市开发对自然水循环的影响。③扩大雨水利用设施的普及率。首尔市从 2013 年下半年开始，积极通过媒体宣传雨水的利用价值，引导市民提高水循环意识，提高雨水在城市农业和景观中的使用率。④引导市民积极参与水循环城市建设。首尔市选定几个生活小区进行水循环改造，包括铺设透水地砖、建造雨水花坛、设置雨水收储设施。⑤加强水循环技术研究和制度建设。包括水循环的实地监测体系、水循环技术和改造模型的研究。

1.3.11 以色列

以色列是一个极度干旱的国家，然而，以色列又是一个绿化最好的国家之一。以色列人用他们的智慧自己创造了一个关于水的未来。以色列的水利管理经验，值得全世界学习和借鉴。

1）"滴灌"奇迹

行进在以色列的高速公路上，荒凉的沙丘比比皆是，但是沙漠中的绿洲也时隐时现。长长的黑色滴灌管道匍匐在路边，不放过一株绿苗——这是以色列的特有风景。就是在这样 60% 土地严重缺水的情况下，以色列人用水科技创造了举世闻名的"农业奇迹"。事实上，用"奇迹"来形容以色列农业取得的成就一点都不过分。提到以色列现代沙漠农业，其举世瞩目的滴灌技术令人咋舌。最不可思议的是，这个弹丸小国居然在沙漠上种出了世界上屈指可数的无污染绿色洁净蔬菜，而且还大量出口国外。目前，以色列食品在国际上安全信誉有口皆碑，甚至在食品安全标准非常严格的欧洲也广受欢迎，赢得欧洲"冬季厨房"的美名。"滴灌"这项偶尔得知的技术，改变了以色列的农业，也在一定程度上成就了以色列的未来。

发明滴灌以后，以色列农业用水总量 30 年来一直稳定在 $1.3 \times 10^9 m^3$，而农业产出却翻了 5 番。滴灌的原理很简单，然而，让水均衡地滴渗到每颗植株却非常复杂。以色列研制的硬韧防堵塑料管、接头、过滤器、控制器等都是高科技的结晶。以色列滴灌系统目前已是第 6 代，最近又开发成小型自压式滴灌系统。如今，世界 80 多个国家在使用以色列的滴灌技术，耐特菲姆滴灌公司年收入 2.3 亿美元，其中 80% 来自出口。滴灌根本改变了传统耕作方式，以色列大地遍布管道，公路旁蓝白色输水干管连接着无数滴灌系统。

实践证明，滴灌有以下好处：水可直接输送到农作物根部，因此比喷灌节水20%；在坡度较大的耕地应用滴灌不会加剧水土流失；从地下抽取的含盐浓度高的咸水或污水经处理后的净化水（比淡水含盐浓度高）可用于滴灌，而不会造成土壤盐碱化。

特别值得一提的是，包括滴灌方式在内的以色列所有的灌溉方式都可以采用计算机控制。计算机化操作可完成实时控制，也可执行一系列的操作程序，完成监视工作，而且能在一天里长时间地工作，精密、可靠、节省人力。在灌溉过程中，如果水肥施用量与要求有一定偏差，系统会自动关闭灌溉装置，并做出相应调整。

2）污水再利用

由于有限的淡水资源远不能满足需求，以色列不得不充分利用每一滴水，包括污水的回用，这也使得以色列在污水净化和回收利用方面始终处于世界领先地位。1972 年以色列政府制定了"国家污水再利用工程"计划，规定城市的污水至少应回收利用 1 次。目前，以色列 100% 的生活污水和 72% 的城市污水得到了回收利用，这使得以色列成为世界上水资源回收利用率最高的国家，而在发展中国家仅有约 10% 的污水用于回收利用。污水处理后的出水 46% 直接用于灌溉，其余 33.3% 和约 20% 分别灌于地下或排入河道。利用处理过的污水进行灌溉，不但可增加灌溉水源，而且能起到防止污染、保护水源的作用，并使许多因灌溉农田而干涸的河流恢复生机。目前，以色列重新利用的污水已经占到总供水量的20%，全国37%的农业灌溉也在利用处理过的废水。以色列的设想是，未来农业灌溉全部用上污水再处理后的循环水。在卫星云图上看内盖夫沙漠，能看到片片绿洲，内盖夫沙漠的边缘正一点点地被常绿针叶林覆盖，这些沙漠植物所用的水源几乎全部来自污水处理后的循环水。

3）海水淡化

以色列水资源委员会认为解决水资源问题的根本出路只能靠淡化海水，并将目光投向了地中海。自20世纪60年代起，以色列就致力于海水淡化技术的研究并于1999年制定了"大规模海水淡化计划"，以期缓解淡水的供需矛盾。根据该计划，至2015年，海水淡化水将占以色列淡水需求量的22.5%，生活用水的62.5%；至2025年，海水淡化水将占淡水需求量的28.5%，生活用水的70%；至2050年，海水淡化水将占全国淡水需求量的41%，生活用水的100%。如有多余淡化水，将用于以色列自然水资源的保护。

所谓海水淡化即利用海水脱盐生产淡水，是实现水资源利用的开源增量技术，可以增加淡水总量，且不受时空和气候影响，水质好、价格渐趋合理，可以保障沿海居民饮用水和工业锅炉补水等稳定供水。2002年，以色列开始启动海水淡化项目。第一个海水淡化厂就建在阿什克隆。目前，以色列已经拥有了全球领先的海水淡化技术和设备。有资料显示，2004年以色列海水淡化的水量约为 $2.15 \times 10^8 \mathrm{m}^3$/a，约占总供水能力的8%。近年来，技术的进步使海水淡化的成本不断走低，海水淡化大规模发展的前景越来越光明。值得一提的是阿什克隆海水淡化厂，它创造了至今世界海水淡化价格的最低纪录，目前的成本维持在全球最低的每立方米53美分。

4）雨洪利用

以色列降水主要集中在冬季4～6个月内，尤其是北部山区，易形成径流洪水。以色列建设了多处雨洪利用设施，主要做法是将洪水引入水库或低洼地区，雨后或通过渠道将水引至海滨平原沙地渗入含水层，或就地入渗补充地下水，实现资源利用。1993～2005年雨洪水年平均利用量为 $5.1 \times 10^7 \mathrm{m}^3$。

1.3.12　发达国家海绵城市建设的启示

目前，我们出现的城市水问题与这些国家相比，更大、更复杂、更困难，所以我们需要从水的自然和社会循环全局加以考虑，需要构建多目标低影响开发设施。海绵城市建设最主要的理念就是改变传统以"排"为主的排水思路，将"排"、"蓄"结合，做到雨水就地消纳。海绵城市建设涉及技术、政策及教育宣传层面，从技术层面上出发，海绵城市措施就是恢复因为开发而减少的自然土地，要让雨水径流量恢复到开发前的水平，将被城市硬化路面阻断的水文循环路径打通，恢复原来的自然水文过程；从政策角度上来说，国家应该立法强制推行雨水管理与利用措施，明确责任——谁排放谁负责，对于个人住户来说应该适当缴纳雨水排放费用，对于开发企业来说也要缴纳因为开发而导致的雨水径流增多费用，对于积极推广落实雨水利用措施的个人或组织给予相应奖励；从教育层面上思考，要宣传节约用水，积极利用雨水资源的观念，推广一系列家庭雨水利用措施，将海绵城市建设与国家生态文明建设相结合，让海绵城市建设成为常态。

1.4 解决问题的主要技术路线

海绵城市建设涉及城市水系、绿地系统、排水防涝、道路交通等多领域规划，同时需要政府规划、排水、道路、园林、交通等部门与地产项目业主之间协调合作，以及排水、园林、道路、交通、建筑等多专业领域协作，是一个立体的系统工程。

1.4.1 技术框架

在城市总体规划阶段，应加强相关专项（专业）规划对总体规划的有力支撑作用，提出城市低影响开发策略、原则、目标要求等内容；在控制性详细规划阶段，应确定各地块的控制指标，满足总体规划及相关专项（专业）规划对规划地段的控制目标要求；在修建性详细规划阶段，应在控制性详细规划确定的具体控制指标条件下，确定建筑、道路交通、绿地等工程中低影响开发设施的类型、空间布局及规模等内容；最终指导并通过设计、施工、验收环节实现低影响开发雨水系统的实施；低影响开发雨水系统应加强运行维护，保障实施效果，并开展规划实施评估。城市规划、建设等相关部门应在建设用地规划或土地出让、建设工程规划、施工图设计审查及建设项目施工等环节，加强对海绵城市——低影响开发雨水系统相关目标与指标落实情况的审查。图1-23为海绵城市建设示范区总体建设技术路线框架图，图1-24为某城市海绵城市建设规划编制技术路线图。

海绵城市建设具体落实时的几个关键技术环节如下：

1）现状调研分析。通过当地自然气候条件（降雨情况）、水文及水资源条件、地形地貌、排水分区、河湖水系及湿地情况、用水供需情况、水环境污染情况调查，分析城市竖向、低洼地、市政管网、园林绿地等建设情况及存在的主要问题。

2）制定控制目标和指标。各地应根据当地的环境条件、经济发展水平等，因地制宜地确定适用于本地的径流总量、径流峰值和径流污染控制目标及相关指标。

3）建设用地选择与优化。本着节约用地、兼顾其他用地、综合协调设施布局的原则选择低影响开发技术和设施，保护雨水受纳体，优先考虑使用原有绿地、河湖水系、自然坑塘、废弃土地等用地，借助已有用地和设施，结合城市景观进行规划设计，以自然为主，人工设施为辅，必要时新增低影响开发设施用地和生态用地。有条件的地区，可在汇水区末端建设人工调蓄水体或湿地。严禁城市规划建设中侵占河湖水系，对于已经侵占的河湖水系，应创造条件逐步恢复。

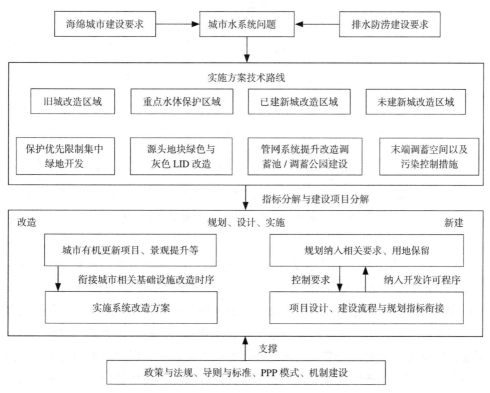

图1-23 海绵城市建设示范区总体建设技术路线框架

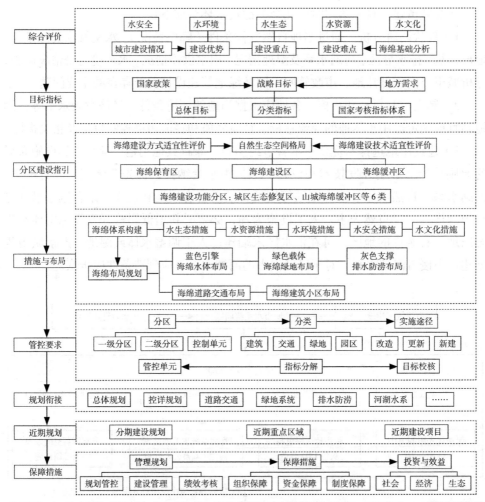

图1-24 某城市海绵城市建设规划编制技术路线

4）低影响开发技术、设施及其组合系统选择。低影响开发技术和设施选择应遵循以下原则：注重资源节约，保护生态环境，因地制宜，经济适用，并与其他专业密切配合。结合各地气候、土壤、土地利用等条件，选取适宜当地条件的低影响开发技术和设施，主要包括透水铺装、生物滞留设施、渗透塘、湿塘、雨水湿地、植草沟、植被缓冲带等。恢复开发前的水文状况，促进雨水的储存、渗透和净化。合理选择低影响开发雨水技术及其组合系统，包括截污净化系统、渗透系统、储存利用系统、径流峰值调节系统、开放空间多功能调蓄等。地下水超采地区应首先考虑雨水下渗，干旱缺水地区应考虑雨水资源化利用，一般地区应结合景观设计增加雨水调蓄空间。

5）设施布局。应根据排水分区，结合项目周边用地性质、绿地率、水域面积率等条件，综合确定低影响开发设施的类型与布局。应注重公共开放空间的多功能使用，高效利用现有设施和场地，并将雨水控制与景观相结合。

6）确定设施规模。低影响开发雨水设施规模设计应根据水文和水力学计算得出，也可根据模型模拟计算得出。

1.4.2 控制指标分解方法

图 1-25 为基于海绵城市建设的低影响开发雨水系统构建技术框架图。各地应结合当地水文特点及建设水平，构建适宜并有效衔接的低影响开发控制指标体系。低影响开发雨水系统控制指标的选择应根据建筑密度、绿地率、水域面积率等既有规划控制指标及土地利用布局、当地水文、水环境等条件合理确定，可选择单项或组合控制指标，有条件的城市（新区）可通过编制基于低影响开发理念的雨水控制与利用专项规划，最终落实到用地条件或建设项目设计要点中，作为土地开发的约束条件。表 1-7 为基于海绵城市建设的低影响开发控制指标及分解方法。

有条件的城市可通过水文、水力计算与模型模拟等方法对年径流总量控制率目标进行逐层分解；暂不具备条件的城市，可结合当地气候、水文地质等特点，汇水面种类及其构成等条件，通过加权平均的方法试算进行分解。

海绵城市建设控制目标分解方法如下：

1）确定城市总体规划阶段提出的年径流总量控制率目标；

2）根据城市控制性详细规划阶段提出的各地块绿地率、建筑密度等规划控制指标，初步提出各地块的低影响开发控制指标，可采用下沉式绿地率及其下沉深度、透水铺装率、绿色屋顶率、其他调蓄容积等单项或组合控制指标；

3）计算各低影响开发设施的总调蓄容积；

4）通过加权计算得到各地块的综合雨量径流系数，并结合上述 3）得到的总调蓄容积，确定各低影响开发雨水系统的设计降雨量；

5）对照统计分析法计算出的年径流总量控制率与设计降雨量的关系确定各低影响开发雨水系统的年径流总量控制率；

6）各低影响开发雨水系统的年径流总量控制率经汇水面积与各地块综合雨量

径流系数的乘积加权平均，得到城市规划范围低影响开发雨水系统的年径流总量控制率；

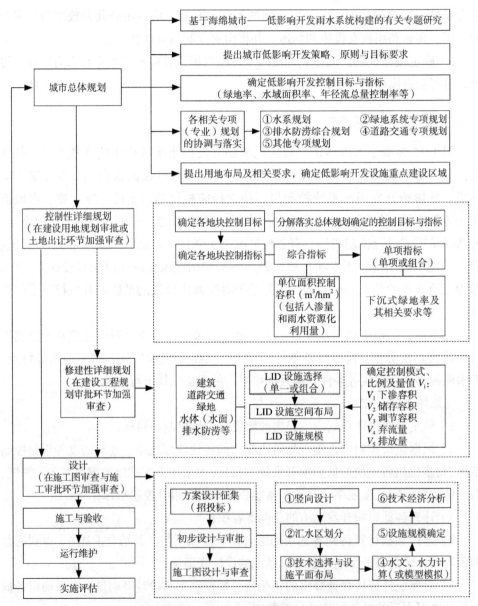

图1-25　基于海绵城市建设的低影响开发雨水系统构建技术框架

基于海绵城市建设的低影响开发控制指标及分解方法　　　　表 1-7

规划层级	控制目标与指标	赋值方法
城市总体规划、专项（专业）规划	控制目标：年径流总量控制率及其对应的设计降雨量	选择年径流总量控制率目标，通过统计分析计算年径流控制率及其对应的设计降雨量
详细规划	综合指标：单位面积控制容积	根据总体规划阶段提出的年径流总量控制率目标，结合各地块绿地率等控制指标，计算各地块的综合指标——单位面积控制容积
	单项指标： 1、下沉式绿地率及其下沉深度 2、透水铺装率 3、绿色屋顶率 4、其他	根据各地块的具体条件，通过技术经济分析，合理选择单项或组合控制指标，并对指标进行合理分配。指标分解方法： 方法1：根据控制目标和综合指标进行试算分解； 方法2：模型模拟

7）重复2）～6），直到满足城市总体规划阶段提出的年径流总量控制率目标要求，最终得到各地块的低影响开发设施的总调蓄容积，以及对应的下沉式绿地率及其下沉深度、透水铺装率、绿色屋顶率、其他调蓄容积等单项或组合控制指标，并将各地块中低影响开发设施的总调蓄容积换算为"单位面积控制容积"作为综合控制指标；

8）对于径流总量大、红线内绿地及其他调蓄空间不足的用地，需统筹周边用地内的调蓄空间共同承担其径流总量控制目标时（如城市绿地用于消纳周边道路和地块内径流雨水），可将相关用地作为一个整体，并参照以上方法计算相关用地整体的年径流总量控制率后，参与后续计算。

2 海绵城市建设理念与内涵

2.1 概述

2.1.1 海绵城市建设总体目标

海绵城市建设要以目标和问题为导向,统筹推进新老城区海绵城市建设。《国务院办公厅印发关于推进海绵城市建设的指导意见》(国办发 [2015]75 号) 要求:从 2015 年起,全国各城市新区、各类园区、成片开发区要全面落实海绵城市建设要求。老城区要结合城镇棚户区和城乡危房改造、老旧小区有机更新等,以解决城市内涝、雨水收集利用、黑臭水体治理为突破口,推进区域整体治理,逐步实现小雨不积水、大雨不内涝、水体不黑臭、热岛有缓解。重点抓好海绵型建筑与小区、海绵型道路与广场、海绵型公园和绿地建设,自然水系保护与生态修复,以及绿色蓄水、排水与净化利用设施建设等五方面工作,同时,各地要建立海绵城市建设工程项目储备制度,编制项目滚动规划和年度建设计划,避免大拆大建。

从"水资源、水安全、水环境、水生态、水文化"五个基本方面来确定海绵城市建设总体目标,从而实现"修复城市水生态、涵养城市水资源、改善城市水环境、提高城市水安全、复兴城市水文化"的多重目标。

通过海绵城市建设,综合采取"渗、滞、蓄、净、用、排"等措施,最大限度地减少城市开发建设对生态环境的影响,将 70% 的降雨就地消纳和利用。

2020 年,城市建成区 20% 以上的面积达到目标要求,推进海绵城市建设,打造海绵示范项目。

2030 年,城市建成区 80% 以上的面积达到目标要求。城市建设全面融入海绵理念,大力推进海绵城市建设,逐步实现小雨不积水、大雨不内涝、水体不黑臭、热岛有缓解,成为生态文明城市。

2.1.2 海绵城市建设关键环节

海绵城市建设关键环节是源头减排、过程控制与系统治理三个过程。

1）源头减排

就是要在城市各类建筑、道路、广场等易形成硬质下垫面（雨水产汇流形成的地区）处着手，实现有效的"径流控制"，即从形成雨水产汇流的源头着手，尽可能将径流减排问题在源头解决，这就要综合采用绿色建筑和低影响开发建设的手段，在建筑和小区等地块的开发建设过程中，结合区域雨水排放管控制度，落实雨水径流控制的要求。源头减排，既分解了责任和资金，又将市政管网等排水设施的压力也从源头得到了分解。

2）过程控制

传统排水系统的设计是按照末端治理的思路进行的，城市排水管网按最大设计降雨强度来设计管径。海绵城市建设的理念是要通过"渗、滞、蓄"等措施将雨水的产汇流错峰、削峰，不致产生雨水共排效应，使得城市不同区域汇集到管网中的径流不要同步集中排放，而是有先有后、参差不齐、细水长流地汇集到管网中，从而降低了市政排水系统的建设规模，也提高了系统的利用效率。简而言之，过程控制是利用绿色建筑、低影响开发和绿色基础设施建设的技术手段，通过对雨水径流的过程控制和调节，延缓或者降低径流峰值，避免雨水径流的"齐步走"。

3）系统治理

水的外部性很强，几乎无所不及，治水绝不能"就水论水"。习近平总书记提出要牢固树立"山水林田湖"生命共同体的理念，充分体现了水的特点。治水也要从生态系统的完整性来考虑，充分利用好地形地貌、自然植被、绿地、湿地等天然"海绵体"的功能，充分发挥自然的力量。同时，也要考虑水体的"上下游、左右岸"的关系，既不能造成内涝压力，也不能截断正常径流，影响水体生态。因此，海绵城市不是一个部门的事，相关部门一定要形成合力，统筹规划、有序建设、精细管理，实现"规划一张图、建设一盘棋、管理一张网"，才能够收到事半功倍的效果。

2.1.3 海绵城市建设需要厘清五大关系

1）水质和水量的关系。有质无量，水不够用；有量无质，水不能用，只有量和质统一才能处理好水的自然循环和社会循环的关系，体现人与自然和谐共生，将水取之于自然，还要回归于自然。

2）分布与集中的关系。分布就是化整为零，源头减排，在"小"上下功夫；

集中就是要集零为整，末端处理，在"大"上下功夫。设施建设的分散和集中需要因地制宜，处理好节能、就近再生利用以及运营管理等问题。

3）景观和功能的关系。有景观无功能是"花架子"，有功能无景观，是"傻把式"。要将自然生态功能融入景观中，做到功能和景观兼具。目前，我们一些园林绿化的做法，太注重景观，忽略了园林对水的自然吸纳、净化的功能，反而加大了对市政排水系统的压力。

4）生态和安全的关系。对大概率小降雨，要从涵养生态的角度留住雨水；对小概率大降雨，要以安全为重，妥善及时地排水防涝。

5）"绿色"与"灰色"的关系。绿色基础设施倚仗自然力量，实现"自然积存、自然渗透、自然净化"。"绿色"与"灰色"要相互融合，实现互补，不能顾此失彼。发达国家的实践证明，绿色基础设施比灰色基础设施的全生命周期的成本支出要少 20% 左右，尤其是在运行管理方面，节省大量的人力和财力，从而降低运行管理费用。

2.1.4 海绵城市建设实施原则

海绵城市建设是一个系统工程，海绵城市建设实施原则是规划引领、生态优先、安全为重、因地制宜与统筹建设五方面。

1）规划引领

一定要规划先行，要将海绵城市建设理念和要求系统地融入城市总体规划、控制性详细规划和各相关专项规划。规划后建设，发挥规划的总体控制和引领作用。在海绵城市专项规划的指引下，从生态空间格局、系统、片区分层次构建海绵建设内容，先规划后建设，发挥规划的控制和引领作用。

2）生态优先

保护自然生态本底，划定管控界限。依据总体规划、环境总体规划、绿线规划、蓝线规划，城市开发建设应保护江河、湖泊、湿地、坑塘、沟渠等水敏感区，优先利用自然排水系统与海绵基础设施，实现雨水的自然积存、自然渗透、自然净化和可持续水环境，提高水生态系统的自然修复能力，维护城市良好的生态功能。

3）安全为重

统筹低影响开发雨水系统、城市雨水管渠系统及超标雨水径流排放系统。海绵城市规划是对城市生态防洪治涝的纲领途径，是综合采用工程和非工程措施提高海绵城市建设的质量和管理水平，消除安全隐患，增强防灾减灾能力，保障城市的水安全。

4）因地制宜

全面分析、系统评估，合理制定发展目标与控制指标，符合经济规律。根据自然地理条件、水文地质特点、水资源状况、降雨规律、水环境保护与内涝防治的要求。根据海绵建设适宜性评价和技术适宜性评价，各个区域需要合理确定分块的低影响开发控制目标与指标，科学规划布局和选用海绵技术设施。

5）统筹建设

分级落实开发控制目标、指标和技术要求，配合城市近期建设。结合城市总体规划和建设，在各类建设项目中严格落实各层级相关规划中确定的海绵城市开发控制目标、指标和技术要求，统筹建设。

2.1.5 海绵城市建设技术措施

因地制宜，海绵城市建设与六字方针协调海绵城市是实现从快排、及时排、就近排、速排干的工程排水时代跨入到"渗、滞、蓄、净、用、排"六位一体的综合排水、生态排水的历史性、战略性转变。采用渗、滞、蓄、净、用、排一种或多种技术措施，不同城市的侧重点不同，实现城市良性水文循环，提高对径流雨水的渗透、调蓄、净化、利用和排放能力，维持或恢复城市的"海绵"功能。表 2-1 为海绵城市建设低影响开发设施比选表，表 2-2 为各类用地低影响开发设施选用表。

低影响开发设施比选　　　　　　　　　　　　　　　表 2-1

单项设施	功能					控制目标			处置方式		经济性		污染物去除率（以 SS 计，%）	景观效果
	集蓄利用雨水	补充地下水	削减峰值流量	净化雨水	转输	径流总量	径流峰值	径流污染	分散	相对集中	建造费用	维护费用		
透水砖铺装	弱	强	中	中	弱	强	中	中	√	—	低	低	80～90	—
透水水泥混凝土	弱	弱	中	中	弱	中	中	中	√	—	高	中	80～90	—
透水沥青	弱	弱	中	中	弱	中	中	中	√	—	高	中	80～90	—
绿色屋顶	弱	弱	中	中	弱	强	中	中	√	—	高	中	70～80	好

单项设施	功能					控制目标			处置方式		经济性		污染物去除率（以 SS 计，%）	景观效果
	集蓄利用雨水	补充地下水	削减峰值流量	净化雨水	转输	径流总量	径流峰值	径流污染	分散	相对集中	建造费用	维护费用		
下沉式绿地	弱	强	中	中	弱	强	中	中	√	—	低	低	—	一般
简易型生物滞留设施	弱	强	中	中	弱	强	中	中	√	—	低	低	—	好
复杂型生物滞留设施	弱	强	中	强	弱	强	中	强	√	—	中	低	70~95	好
雨水渗透塘（池）	弱	强	中	中	弱	强	中	中	—	√	中	中	70~80	一般
雨水渗井	弱	强	中	中	弱	强	中	中	√	√	低	低	—	—
雨水湿塘	强	弱	强	中	弱	强	强	中	—	√	高	中	50~80	好
雨水湿地	强	弱	强	强	弱	强	强	强	√	√	高	中	50~80	好
雨水蓄水池	强	弱	中	中	弱	强	中	中	—	√	高	中	80~90	—
雨水罐	强	弱	中	中	弱	强	中	中	√	—	低	低	80~90	—
雨水调节塘	弱	弱	强	中	弱	弱	强	中	—	√	高	中	—	一般
雨水调节池	弱	弱	强	弱	弱	弱	强	弱	—	√	高	中	—	—
转输型植草沟	中	弱	弱	中	强	中	弱	中	√	—	低	低	35~90	一般
干式植草沟	弱	强	弱	中	强	强	弱	弱	√	—	低	低	35~90	好
湿式植草沟	弱	弱	弱	强	强	弱	弱	强	√	—	中	低	—	好
雨水渗管（沟、渠）	弱	中	弱	弱	强	中	弱	中	√	—	中	中	35~70	一般
植被缓冲带	弱	弱	弱	强	—	弱	弱	强	√	—	低	低	50~75	一般

续表

单项设施	功能					控制目标			处置方式		经济性		污染物去除率（以SS计，%）	景观效果
	集蓄利用雨水	补充地下水	削减峰值流量	净化雨水	转输	径流总量	径流峰值	径流污染	分散	相对集中	建造费用	维护费用		
初期雨水弃流设施	中	弱	弱	强	—	弱	弱	强	√	—	低	中	40～60	—
人工土壤渗滤	强	弱	弱	强	—	弱	弱	中	—	√	高	中	75～95	好

各类用地低影响开发设施选用　　　　　　　　　　　　　　表 2-2

技术类型（按主要功能）	单项设施	用地类型			
		建筑与小区	城市道路	绿地与广场	城市水系
渗透技术	透水砖铺装	宜	宜	宜	可
	透水水泥混凝土	可	可	可	可
	透水沥青	可	可	可	可
	绿色屋顶	宜	不宜	不宜	不宜
	下沉式绿地	宜	宜	宜	可
	简易型生物滞留设施	宜	宜	宜	可
	复杂型生物滞留设施	宜	宜	宜	可
	雨水渗透塘（池）	宜	可	宜	不宜
	雨水渗井	宜	可	宜	不宜
储存技术	雨水湿塘	宜	可	宜	宜
	雨水湿地	宜	宜	宜	宜
	雨水蓄水池	可	不宜	可	不宜
	雨水罐	宜	不宜	不宜	不宜
调节技术	雨水调节塘	宜	可	宜	可
	雨水调节池	可	可	可	不宜
转输技术	转输型植草沟	宜	宜	宜	可
	干式植草沟	宜	宜	宜	可
	湿式植草沟	宜	宜	宜	可
	雨水渗管（沟、渠）	宜	宜	宜	不宜
截污净化技术	植被缓冲带	宜	宜	宜	宜
	初期雨水弃流设施	宜	宜	可	可
	人工土壤渗滤	可	不宜	可	可

1）渗

下渗工程，减少硬质铺装，充分利用各种路面、屋面、地面、绿地等下垫面渗透作用，从源头上减少径流量，涵养生态与环境，积存水资源。提高城市下垫面的渗透性，可以避免地表径流，减少从水泥路面、路面汇集到管网里，同时还有涵养地下水与补充地下水不足的作用。具体形式总结为：改变各种路面、地面铺装材料、改造屋顶绿化、调整绿地竖向等。

2）滞

滞水（洪）工程，通过雨水滞留，以空间换时间，提高雨水滞渗的作用，同时也降低雨水汇集速度，延缓峰现时间，既降低排水强度，又缓解了灾害风险。其主要作用是延缓短时间内形成的雨水径流量，通过建设雨水花园、下凹式绿地、滞留塘等滞留雨水，暴雨时可起到错峰延峰目的，以时间换空间。具体形式总结为三种：雨水花园、生态滞留地、渗透池、人工湿地等。

3）蓄

蓄水工程，通过蓄水降低峰值流量，调节时空分布，为雨水利用创造条件。主要用于收集雨水，使城市降雨得到自然散落，以达到调蓄和错峰的作用，同时也为雨水利用创造条件。具体形式总结为：塑料模块蓄水、地下蓄水池等。

4）净

净水工程，减少雨水面源污染，降解化学需氧量（COD）、悬浮物（SS）、总氮（TN）、总磷（TP）等主要污染物，改善城市水环境。通过土壤、植被、绿地系统等的渗透，能够对雨水的水质产生净化作用，然后回用到城市当中，可供城市生产生活使用。目前较为熟悉的净化过程分为三个阶段：土壤渗滤净化、人工湿地净化、生物处理等。

5）用

用水工程，充分利用雨水资源和再生水，提高用水效率，缓解水资源短缺问题。经过土壤渗滤净化、人工湿地净化、生物处理多层净化之后的雨水可被利用，整个过程通过"渗"涵养，通过"蓄"把水在地留住，再通过净化把水在地再利用，不仅能缓解洪涝灾害，还能缓解地区缺水问题。

6）排

排水工程，构建绿色设施与灰色设施结合的蓄水、排水体系，避免内涝等灾害，确保城市运行安全。利用城市竖向与工程设施相结合，排水防涝设施与天然水系河道相结合，地面排水与地下雨水管渠相结合的方式来实现一般排放、超标雨水的安全排放及下游用水，避免内涝等灾害。

2.1.6 海绵城市建设系统构成

海绵城市建设是由低影响开发雨水系统、城市雨水管渠系统（小排水系统）及超标雨水径流排放系统（大排水系统）三部分构成。表2-3为海绵城市建设系统构成与内涵。

海绵城市建设系统构成与内涵   表2-3

系统	低影响开发雨水系统	城市雨水管渠系统（小排水系统）	超标雨水径流排放系统（大排水系统）
内涵	绿色屋顶 透水铺装 下沉式绿地 植被缓冲带 植被浅沟 雨水花园 植草沟 雨水湿塘 雨水湿地 ……	雨水管渠 调节池 泵站 ……	自然水体（江河、湖泊等） 多功能调蓄水体（雨水湿塘、雨水湿地） 行洪通道（内河、沟渠、道路等） 调蓄池 复管 蓄排水管 深层隧道 ……

注：1. 城市雨水管渠与超标雨水径流排放系统选用时，应考虑先绿色设施，后灰色设施；
　　2. 超标雨水径流排放系统应根据城市排水防涝规划进行合理设置，保证城市排水安全。

1）低影响开发雨水系统

低影响开发技术按主要功能一般可分为渗透、储存、调节、转输、截污净化等几类。通过各类技术的组合应用，可实现径流总量控制、径流峰值控制、径流污染控制、雨水资源化利用等目标。实践中，应结合不同区域水文地质、水资源等特点及技术经济分析，按照因地制宜和经济高效的原则选择低影响开发技术及其组合系统。在建筑与小区、道路与广场、公园与绿地及水系的规划建设中，通过源头削减、中途转输、末端调蓄，采用渗、滞、蓄、净、用、排等技术手段，实现城市良性水文循环。

雨水的综合利用是采用多种方式来实现对城市雨水的高效率利用，包括雨水的集蓄利用；利用各种人工或自然水体、池塘、湿地或低洼地对雨水径流实施调蓄、净化和利用，改善城市环境和生态环境；通过各种人工或自然渗透设施使雨水渗入地下，补充地下水资源等。

2）城市雨水管渠系统（小排水系统）

城市雨水管渠系统应与低影响开发雨水系统共同组织径流雨水的收集、转输与排放，主要包括雨水收集设施、过滤设施、雨水管道及附属构筑物。对新建及扩建的城市雨水管渠应与下游已建管渠在设计标准、平面、竖向、用地性质、建设时序等多方面相衔接。对已建城市雨水管渠系统应进行管道检测，针对有病害的管道应进行修复并改变雨水口的收集方式，并采用低影响开发技术措施改变雨水口收集方式使流入管渠的污染物大幅度减少。

海绵城市雨水管渠系统建设应建立在现状雨水管渠系统普查及现状管道病害全面修复的基础上。

3）超标雨水排放系统（大排水系统）

超标雨水径流排放系统用来应对超过雨水管渠系统设计标准的雨水径流，一般通过综合选择自然水体、多功能调蓄水体、行泄通道、调蓄池、深层隧道等自然途径或人工设施进行构建。对于新建道路可利用管道超标部分容积蓄水并在超标雨水到来之前腾空，形成超标雨水通道。对已建道路，在有条件建设情况下，可利用复管系统或现状沟渠平时作为蓄水，超标雨水到来时进行排水，发挥蓄排功能。图 2-1 为深层隧道内景图。

图 2-1　深层隧道内景

2.1.7　海绵城市建设技术实施步骤

海绵城市建设本质是控制雨水径流，关键指标是年径流总量控制率，但技术落地需要统筹规划、市政、景观、建筑等专业。海绵城市建设技术实施步骤一般由以下 7 个方面构成。

1）明确当地自然水文特征（径流、蒸发等）；

2）依据当地降雨状况，绘制年径流总量控制率—日降雨量关系曲线，得到设计降雨强度；

3）因地制宜确定当地年径流总量控制目标；

4）根据规划布局，将径流总量控制化为日降雨强度，分解确定各地块的控制指标；

5）设计选用"渗、滞、蓄"等工程技术措施，落实规划控制要求；

6）依据采用的"渗、滞、蓄、净、用、排"等工程技术措施，推演径流控制是否达到规划目标的要求；

7）设计或校核市政排水系统，并兼顾城市排水防涝。

2.2 常用技术术语

2.2.1 规划类

1）海绵城市（sponge city）

海绵城市是指通过加强城市规划建设管理，充分发挥建筑、道路和绿地、水系等生态系统对雨水的吸纳、蓄渗和缓释作用，有效控制雨水径流，实现自然积存、自然渗透、自然净化的城市发展方式。可以形象地理解为城市能够像海绵一样，在适应环境变化和应对自然灾害等方面具有良好的"弹性"，下雨时吸水、蓄水、渗水、净水，需要时将蓄存的水"释放"并加以利用。

2）低影响开发（LID，low impact development）

指在城市开发建设过程中，通过生态化措施，尽可能维持城市开发建设前后水文特征不变，有效缓解不透水面积增加造成的径流总量、径流峰值与径流污染的增加等对环境造成的不利影响。

低影响开发强调城镇开发应减少对环境的冲击，其核心是基于源头控制和延缓冲击负荷的理念，构建与自然相适应的城镇排水系统，合理利用景观空间和采取相应措施对暴雨径流进行控制，减少城镇面源污染。

3）绿色基础设施（green infrastructure）

简称绿色设施，是 20 世纪 90 年代中期提出的一个概念，相对的绿色的设施在城市建设前后均有存在。在城市建设之前，绿色设施以自然生态的形态而存在，比如河流、森林、草地、湖泊等，城市化进程后，这些自然环境遭到破坏，这些绿色设施被大量灰色设施所取代，城市化后的绿色设施通常指城市的景观绿化等。现阶段的海绵城市中提倡的绿色设施，基于城市化前后所有的生态措施，形成城市中雨水的综合利用。

4）灰色基础设施（grey infrastructure）

简称灰色设施，是传统意义上的市政基础设施，灰色设施被广泛应用，以单一市政工程为基础，如道路、桥梁、建筑小区等城市经济运行所必需的工程措施。

5）城市绿地（urbangreenspace）

也称绿地，以植被为主要存在形态，用于改善城市生态，保护环境，为居民提供游憩场地和绿化、美化城市的一种城市用地。城市绿地分类见表2-4。

城市绿地分类

表2-4

大类	中类	小类
G1 公园绿地	G11 综合公园	G111 全市性公园
		G112 区域性公园
	G12 社区公园	G121 居住区公园
		G122 小区游园
	G13 专类公园	G131 儿童公园
		G132 动物园
		G133 植物园
		G134 历史名园
		G135 风景名胜公园
		G136 游乐公园
		G137 其他专类公园
	G14 带状公园	—
	G15 街旁绿地	—
G2 生产绿地	—	—
G3 防护绿地	—	—
G4 附属绿地	G41 居住绿地	—
	G42 公共设施绿地	—
	G43 工业绿地	—
	G44 仓储绿地	—
	G45 对外交通绿地	—
G4 附属绿地	G46 道路绿地	—
	G47 市政设施绿地	—
	G48 特殊绿地	—
G5 其他绿地	—	—

6）绿墙（greenwall）

用枝叶茂密的植物或植物构架，形成高于人视线的园林设施。图 2-2 为绿墙实景图。

图 2-2　绿墙实景

7）郁闭（crown closure）

林分中林木树冠彼此互相衔接的状态。林冠的郁闭状态可分两种：水平郁闭和垂直郁闭。林冠基本在同一水平面上相互衔接的状态，称水平郁闭，如单层林和同龄纯林的林冠，林冠在水平面上并不相互衔接，但在垂直面上构成郁闭状态的，称垂直郁闭，如复层混交林和异龄林的树冠。图 2-3 为郁闭状态图。

图 2-3　郁闭状态

8）郁闭度（crown density）

是指森林中乔木树冠彼此相接，遮蔽地面的程度。亦即单位面积上立木树冠投影面积之和与该面积之比值。用十分数表示，如完全覆盖地面，即为1，依次为0.9、0.8、0.7、0.6……等。

郁闭度 = 被树冠覆盖的样点数 ÷ 样点总数（总冠幅 ÷ 样方总面积）

郁闭度分为水平郁闭度和垂直郁闭度。水平郁闭度是指一个林层的郁闭度，同龄纯林或单层林构成水平郁闭度；垂直郁闭度是指两个及两个以上林层在垂直方向上产生的郁闭度，它只存在于复层林中。郁闭度常作为控制抚育采伐强度和择伐、间伐强度的指标，也是区分有林地、疏林地、未成林造林地的主要指标。

郁闭度 0.70 以上高郁闭，郁闭度 0.40 ~ 0.69 中郁闭；郁闭度 0.20 ~ 0.39 为低郁闭。郁闭度可以反映林分对光能利用的程度，因而在抚育间伐和主伐更新时，常作为控制采伐量的指标。

9）地形改造（topography reform）

指在原始地形限定的改造范围内通过设计等高线或控制点高程来改造原有地形的方式。

10）土壤自然安息角（soil natural angle of repose）

土壤在自然堆积条件下，经过自然沉降稳定后的坡面与地平面之间所形成的最大夹角。图 2-4 为安息角示意图。

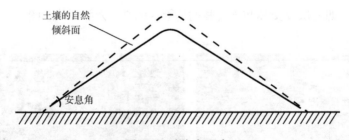

图 2-4　安息角示意

11）亲水平台（waterfront flat roof or terrace garden on water; platform ）

设置于湖滨、河岸、水际，贴近水面并可供游人亲近水体、观景、戏水的单级或多级平台。图 2-5 为亲水平台实景。

12）红线（planning red line）

是指经过批准的建设用地红线、规划道路红线和建筑红线。

13）绿线（city green line）

是指公共绿地、居住区绿地、单位附属绿地、防护绿地、生产绿地、风景林地、道路附属绿地等各类城市绿地范围的控制线。

图 2-5 亲水平台实景

14）蓝线（planning blue line）

是指城市规划确定的江、河、湖、库、渠和湿地等城市地表水体保护和控制的地域界线。

15）紫线（city purple line）

是指国家历史文化名城内的历史文化街区和省、自治区、直辖市人民政府公布的历史文化街区的保护范围界线，以及历史文化街区外经县级以上人民政府公布保护的历史建筑的保护范围界线。

16）黑线（planning black line）

是指高压线用地的控制范围。

17）黄线（planning yellow line）

是指对城市发展全局有影响的、城市规划中确定的、必须控制的城市基础设施用地的控制界线。

18）橙线（planning orange line）

是指铁路和轨道交通用地范围的控制界线。

2.2.2 水生态类

1）设计降雨量（design rainfall depth）

为实现一定的年径流总量控制目标（年径流总量控制率），用于确定低影响开发设施设计规模的降雨量控制值，一般通过当地多年日降雨资料统计数据获取，通常用日降雨量（mm）表示。

2）降雨滞蓄率（rain delay rate of storage）

规划区域内江河湖库能够有效滞蓄雨洪的调蓄容积与多年平均降水总量的比值，调蓄容积和降水量采用相同单位。

3）暴雨强度（rainfall intensity）

单位时间内的降雨量。工程上常用单位时间单位面积内的降雨体积来计，其计量单位以 $L/(s \cdot hm^2)$ 表示。

4）截水沟（intercepting ditch）

在山坡地上沿等高线开挖用于拦截坡面雨水径流，并将雨水径流导引到蓄水工程的沟槽。图 2-6 为截水沟实景图。

图 2-6　截水沟实景

5）集流工程（rainwater harvesting project）

用于收集、导引降雨径流的工程设施。

6）集流场（rainwater harvesting land）

天然或人工改造后收集雨水的场所。

7）集流面积（rainwater harvesting area）

用于收集雨水的集流面面积。

8）集水量（rainwater harvesting volume）

集流场收集的水量。

9）集流效率（rainwater harvesting efficiency）

集流场收集的水量与降水量的比值。

10）重现期（recurrence interval）

经一定长的雨量观测资料统计分析，等于或大于某暴雨强度的降雨出现一次的平均间隔时间。其单位通常以年表示。

11）汇水面积（catchment area）

雨水管渠汇集降雨的流域面积。

12）地面集水时间（time of concentration）

雨水从相应汇水面积的最远点地面流到雨水管渠入口的时间，简称集水时间。

13）管内流行时间（time of flow）

雨水在管渠中流行的时间。简称流行时间。

14）降雨历时（duration of rainfall）

降雨过程中的任意连续时段。

雨水管渠的降雨历时 t 应按式（2-1）计算。

$$t=t_1+t_2 \tag{2-1}$$

式中 t_1——地面集水时间，min。应根据汇水距离、地形坡度和地面种类计算确定，一般可采用 5 ~ 15min；地下通道、下沉式道路地面集水时间应根据道路坡长、坡度和路面粗糙度等计算确定，宜为 2 ~ 10min。

t_2——管内流行时间，min。

15）屋面集水沟与溢流口（roof gully and the overflow mouth）

屋面集水沟包含天沟、边沟、檐沟，溢流口是指为了确保集水沟排水安全的必要措施，限制液位超设置的泄流管口。图 2-7 为屋面集水沟与溢流口示意。

16）重力流雨水排水系统（gravity building drainage system）

按重力流设计的屋面雨水排水系统。

17）满管压力流雨水排水系统（full pressure storm system）

按满管压力流原理设计管道内雨水流量、压力等可得到有效控制和平衡的屋面雨水排水系统。

18）虹吸式屋面雨水收集系统（siphon type roof rainwater collection syetem）

是一种压力流雨水排水系统，设计流态为水一相有压流的屋面雨水收集系统。图 2-8 虹吸式屋面雨水收集系统示意图。

19）半有压屋面雨水收集系统（half have pressure roof rainwater collection system）

设计流态为无压流和有压流之间的过渡流态的屋面雨水收集系统。

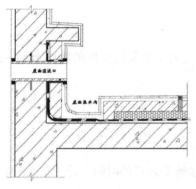
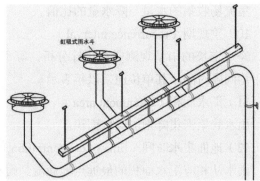

图 2-7　屋面集水沟与溢流口示意　　　图 2-8　虹吸式屋面雨水收集系统示意

20）雨水口或雨水收集井（rain inlet or rain pit）

设置在道路或草坪侧边，用于收集雨水，并设有沉泥槽，或带有杂物收集框的部件。常用雨水口分为平箅式雨水口、立箅式雨水口与联合式雨水口。图 2-9 为常用雨水口，表 2-5 为常用雨水口排水能力表。

（a）　　　　　　　　　（b）　　　　　　　　　（c）

图 2-9　常用雨水口

（a）平箅式；（b）立箅式；（c）联合式

常用雨水口排水能力　　　　　　　　　　　　表 2-5

雨水口型式		泄水能力（L/s）
平箅式雨水口 立箅式雨水口	单箅	20
	双箅	35
	多箅	15（每箅）
联合式雨水口	单箅	30
	双箅	50
	多箅	20（每箅）

21）溢流式雨水口（overflow type rain inlet）

用于下沉式绿地以及雨水花园内雨水的收集与排放，同时可在绿地内滞留消纳雨水，也防止砂石、泥土、碎石等进入市政雨水管网。溢流式雨水口可根据设计标高比绿地高 10 ~ 25cm。图 2-10 为典型溢流式雨水口。

图 2-10　典型溢流式雨水口

22）截污雨水口（interception dirt rain inlet）

用于收集雨水，同时能拦截雨水中的树叶等杂物。截污雨水口通常为成品，也可在常规雨水口内设置截污筐，用于拦截雨水中的固体物，截污筐能够取出清理。图 2-11 为典型截污雨水口。

23）雨水过滤器（rainwater filter）

设置于入渗设施入口或雨水排出口，主要功能是沉淀过滤，去除雨水中的泥沙，减少设施内的沉积物。一般雨水过滤器与初期雨水弃流设施合用一个装置，雨水过滤器也可进行并联运行，用于处理较大规模雨水。处理后的雨水可渗透到地下或排放到自然水体或再进行回收利用。图 2-12 为雨水过滤器示意图。

图 2-11　典型截污雨水口　　图 2-12　雨水过滤器示意

24）防跌井盖（inner cover）

作为内盖使用，当承重井盖损坏或被雨水冲走是，可防止人或物掉入井内。图 2-13 为典型防跌井盖。

图 2-13　典型防跌井盖

25）线性排水沟（linear drainage channel）

也称线性成品排水沟，设置在铺装地面形成高效率排水。线性排水沟沟体按材质分有树脂混凝土、HDPE、钢筋混凝土等，线性排水沟盖板材质和种类较多，可以根据铺装地面的要求选用。线性排水沟流量设计需根据设计标准与汇水面积进行合理设置，保证排水安全。图 2-14 为常用线性排水沟。

（a）　　　　　　　　　（b）　　　　　　　　　（c）

图 2-14　常用线性排水沟

（a）树脂混凝土；（b）HDPE；（c）钢筋混凝土

26）径流量（runoff）

也叫暴雨径流量（storm runoff），是降落到地面的雨水，由地面和地下汇流到管渠至受纳水体的流量的统称。径流包括地面径流和地下径流等。在排水工程中，径流量指降水超出一定区域内地面渗透、滞蓄能力后多余水量产生的地面径流量。

27）径流总量（runoff volume）

（1）基本概念

径流总量是指在指定时段 Δt 通过河流某一断面的总水量，它的单位是 m^3 或 $10^8 m^3$。以所计算时段

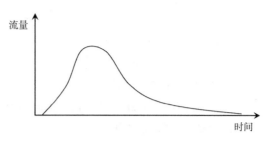

流量

时间

图 2-15　流量过程线示意图

的时间乘以该时段内的平均流量，就得径流总量。以时间为横坐标，以流量为纵坐标点绘出来的流量随时间的变化过程就是流量过程线，流量过程线和横坐标所包围的面积即为径流总量。图 2-15 为流量过程线示意图。

理想状态下，径流总量控制目标应以开发建设后径流排放量接近开发建设前自然地貌时的径流排放量为标准。自然地貌往往按照绿地考虑，一般情况下，绿地的年径流总量外排率为 15% ~ 20%（相当于年雨量径流系数为 0.15 ~ 0.20），因此，借鉴发达国家实践经验，年径流总量控制率最佳为 80% ~ 85%。这一目标主要通过控制频率较高的中、小降雨事件来实现。以北京市为例，当年径流总量控制率为 80% 和 85% 时，对应的设计降雨量为 27.3 mm 和 33.6 mm，分别对应约 0.5 年一遇和 1 年一遇的 1h 降雨量。

实践中，各地在确定年径流总量控制率时，需要综合考虑多方面因素。一方面，开发建设前的径流排放量与地表类型、土壤性质、地形地貌、植被覆盖率等因素有关，应通过分析综合确定开发前的径流排放量，并据此确定适宜的年径流总量控制率。

（2）设计径流总量

雨水设计径流总量应按式（2-2）计算。

$$W = 10 \Psi_{zc} hF \qquad （2-2）$$

式中　W——设计径流总量，m^3；

　　Ψ_{zc}——综合雨量径流系数；

　　h——设计降雨量（厚度），mm；

　　F——汇水面积，hm^2。

（3）当汇水面积不超过 $2km^2$ 时，可采用推理公式法计算雨水设计流量，可按式（2-3）计算。

$$Q=\varPsi_{zm}qF \tag{2-3}$$

式中 Q——雨水设计流量，L/s；

$\varPsi_{zm}$——综合流量径流系数；

q——设计暴雨强度，L/(s·hm²)。

当汇水面积超过 2km² 时，宜考虑降雨在时空分布的不均匀性和管网汇流过程，采用数学模型计算雨水设计流量。

28）年径流总量控制率（volume capture ratio of annual rainfall）

根据多年日降雨量统计数据分析计算，通过自然和人工强化的渗透、储存、蒸发（腾）等方式，场地内累计全年得到控制（不外排）的雨量占全年总降雨量的百分比。

在确定年径流总量控制率时，需要综合考虑多方面因素。一方面，开发建设前的径流排放量与地表类型、土壤性质、地形地貌、植被覆盖率等因素有关，应通过分析综合确定开发前的径流排放量，并据此确定适宜的年径流总量控制率。另一方面，要考虑当地水资源禀赋情况、降雨规律、开发强度、低影响开发设施的利用效率以及经济发展水平等因素；具体到某个地块或建设项目的开发，要结合本区域建筑密度、绿地率及土地利用布局等因素确定。因此，综合考虑以上因素基础上，当不具备径流控制的空间条件或者经济成本过高时，可选择较低的年径流总量控制目标。同时，从维持区域水环境良性循环及经济合理性角度出发，径流总量控制目标也不是越高越好，雨水的过量收集、减排会导致原有水体的萎缩或影响水系统的良性循环；从经济性角度出发，当年径流总量控制率超过一定值时，投资效益会急剧下降，造成设施规模过大、投资浪费的问题。图 2-16 为年径流总量控制率概念示意图。

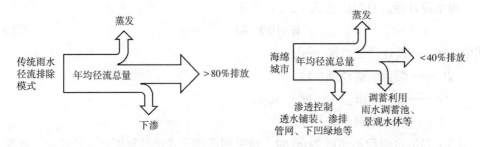

图 2-16 年径流总量控制率概念示意

　　我国地域辽阔，气候特征、土壤地质等天然条件和经济条件差异较大，径流总量控制目标也不同。在雨水资源化利用需求较大的西部干旱半干旱地区，以及有特殊排水防涝要求的区域，可根据经济发展条件适当提高径流总量控制目标；对于广西、广东及海南等部分沿海地区，由于极端暴雨较多导致设计降雨量统计值偏差较大，造成投资效益及低影响开发设施利用效率不高，可适当降低径流总量控制目标。我国大陆地区大致分为五个区，给出了各区年径流总量控制率 α 的最低和最高限值，即 I 区（$85\% \leqslant \alpha \leqslant 90\%$）、II 区（$80\% \leqslant \alpha \leqslant 85\%$）、III 区（$75\% \leqslant \alpha \leqslant 85\%$）、IV 区（$70\% \leqslant \alpha \leqslant 85\%$）、V 区（$60\% \leqslant \alpha \leqslant 85\%$），各地应参照此限值，因地制宜地确定本地区径流总量控制目标。图 2-17 为我国大陆地区年径流总量控制率分区图。

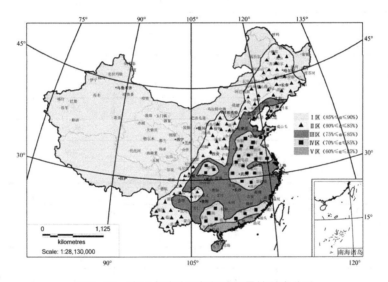

图 2-17　我国大陆地区年径流总量控制率分区

［资料来源：住房和城乡建设部.海绵城市建设技术指南——低影响开发雨水系统构建（试行），2014 年］

　　我国部分城市年径流总量控制率与设计降雨量之间的关系见表 2-6。

29）径流峰值控制率（volume capture ratio of runoff peak flow）

指低影响开发设施最大出水流量与最大进水流量之间的比值。

30）单位面积控制容积（control volume of unit area）

根据规划的低影响开发设施年径流总量控制率（扣除河道与雨水系统削减占

比）计算得到的，规划区域单位面积的设计调蓄容积。

我国部分城市年径流总量控制率对应的设计降雨量值   表 2-6

城市	不同年径流总量控制率对应的设计降雨量（mm）				
	60%	70%	75%	80%	85%
酒泉	4.1	5.4	6.3	7.4	8.9
拉萨	6.2	8.1	9.2	10.6	12.3
西宁	6.1	8.0	9.2	10.7	12.7
乌鲁木齐	5.8	7.8	9.1	10.8	13.0
银川	7.5	10.3	12.1	14.4	17.7
呼和浩特	9.5	13.0	15.2	18.2	22.0
哈尔滨	9.1	12.7	15.1	18.2	22.2
太原	9.7	13.5	16.1	19.4	23.6
长春	10.6	14.9	17.8	21.4	26.6
昆明	11.5	15.7	18.5	22.0	26.8
汉中	11.7	16.0	18.8	22.3	27.0
石家庄	12.3	17.1	20.3	24.1	28.9
沈阳	12.8	17.5	20.8	25.0	30.3
杭州	13.1	17.8	21.0	24.9	30.3
合肥	13.1	18.0	21.3	25.6	31.3
长沙	13.7	18.5	21.8	26.0	31.6
重庆	12.2	17.4	20.9	25.5	31.9
贵阳	13.2	18.4	21.9	26.3	32.0
上海	13.4	18.7	22.2	26.7	33.0
北京	14.0	19.4	22.8	27.3	33.6
郑州	14.0	19.5	23.1	27.8	34.3
福州	14.8	20.4	24.1	28.9	35.7
厦门	20.1	26.8	32.0	38.4	46.9
南平 *	15.8	22.2	26.8	32.7	41.4
三明 *	14.9	20.2	23.7	28.0	33.6
龙岩 *	15.8	21.4	25.0	29.6	35.6
漳州 *	17.4	23.7	27.9	33.3	40.4

续表

城市	不同年径流总量控制率对应的设计降雨量（mm）				
	60%	70%	75%	80%	85%
晋江*	19.2	26.4	31.2	37.7	46.7
莆田*	18.9	25.9	30.8	36.9	45.2
宁德*	17.5	24.2	28.9	35.2	44.0
南京	14.7	20.5	24.6	29.7	36.6
宜宾	12.9	19.0	23.4	29.1	36.7
天津	14.9	20.9	25.0	30.4	37.8
南昌	16.7	22.8	26.8	32.0	38.9
南宁	17.0	23.5	27.9	33.4	40.4
济南	16.7	23.2	27.7	33.5	41.4
青岛	16.2	22.9	27.4	33.6	44.2
淄博	13.6	18.7	22.1	26.4	32.1
枣庄	17.8	25.1	29.8	35.7	43.9
东营	14.2	19.6	23.1	27.6	33.2
烟台	16.3	23.2	27.2	33.4	41.1
潍坊	13.6	18.5	21.7	25.8	31.2
济宁	18.2	25.7	30.5	36.4	44.4
泰安	17.0	23.1	27.1	32.0	38.3
威海	18.2	26.7	32.8	40.5	50.6
日照	17.5	24.5	29.0	34.9	43.1
莱芜	17.0	23.8	28.3	33.9	41.3
临沂	18.3	25.6	30.7	37.1	46.0
德州	14.7	20.4	24.5	29.8	36.8
聊城	17.6	24.8	29.7	36.1	44.4
滨州	14.9	20.7	24.7	29.8	36.4
菏泽	16.3	22.5	26.7	31.9	38.3
武汉	17.6	24.5	29.2	35.2	43.3
宜昌	13.6	18.9	22.6	27.2	33.6
广州	18.4	25.2	29.7	35.5	43.4
海口	23.5	33.1	40.0	49.5	63.4

注："*"为作者计算推求的数据。

31）流量径流系数（discharge runoff coefficient）

也称径流系数（runoff coefficient），形成高峰流量的历时内产生的径流量与降雨量之比。流量径流系数见表2-7。

32）雨量径流系数（volumetric runoff coefficient）

设定时间内降雨产生的径流总量与总雨量之比。雨量径流系数见表2-7。

流量径流系数与雨量径流系数   表2-7

汇水面种类	流量径流系数 Ψ_m	雨量径流系数 Ψ_c
绿化屋面（绿色屋顶、基质层厚度≥300mm）	0.40	0.30～0.40
硬屋面、未铺石子的平屋面、沥青屋面	0.85～0.95	0.80～0.90
铺石子的平屋面	0.80	0.60～0.70
混凝土或沥青路面及广场	0.85～0.95	0.80～0.90
大块石等铺砌路面及广场	0.55～0.65	0.50～0.60
沥青表面处理的碎石路面及广场	0.55～0.65	0.45～0.55
级配碎石路面及广场	0.40～0.50	0.40
干砌砖石或碎石路面及广场	0.35～0.40	0.40
非铺砌土路面	0.25～0.35	0.30
绿地	0.10～0.20	0.15
水面	1.00	1.00
地下建筑覆土绿地（覆土厚度≥500mm）	0.25	0.15
地下建筑覆土绿地（覆土厚度＜500mm）	0.40	0.30～0.40
透水铺装地面	0.08～0.45	0.08～0.45
下沉广场（50年及以上一遇）	0.85～1.00	—

33）综合径流系数（comprehensive runoff coefficient）

综合径流系数 Ψ_z 分为综合流量径流系数 Ψ_{zm} 和综合雨量径流系数 Ψ_{zc}。汇水范围内的综合径流系数应根据不同地面种类的径流系数，按照其各自面积占汇水面积的比例，按式（2-4）采用加权平均法计算。

$$\Psi_z = \frac{\sum F_i \Psi_i}{F} \qquad （2-4）$$

式中 Ψ_z——综合径流系数；

F_i——汇水面上各类下垫面面积，hm^2；

Ψ_i——各类下垫面的径流系数。

（1）计算综合流量径流系数 Ψ_{zm} 式（2-4）变为式（2-5）。

$$\Psi_{zm}=\frac{\sum F_i\Psi_{mi}}{F} \qquad (2-5)$$

Ψ_{mi}——各类下垫面的流量径流系数。

（2）计算综合雨量径流系数 Ψ_{zc} 式（2-4）变为式（2-6）。

$$\Psi_{zc}=\frac{\sum F_i\Psi_{ci}}{F} \qquad (2-6)$$

Ψ_{ci}——各类下垫面的雨量径流系数。

当缺乏相关资料无法计算时，可按表 2-8、表 2-9 的规定取值，但应核实地面种类的组成和比例。

综合流量径流系数　　　　　　　　　　　　　　　　　表 2-8

区域情况	综合流量径流系数 Ψ_{zm}
城镇建筑密集区	0.60 ～ 0.70
城镇建筑较密集区	0.45 ～ 0.60
城镇建筑稀疏区	0.20 ～ 0.45

综合雨量径流系数　　　　　　　　　　　　　　　　　表 2-9

用地类型	综合雨量径流系数 Ψ_{zc}
公园绿地区	0.10 ～ 0.20
工业及仓储物流区	0.50 ～ 0.60
集中居住区	0.55 ～ 0.65
集中办公及商业区	0.65 ～ 0.70
校园区	0.40 ～ 0.60

34）生态效益（ecological benefit）

建设项目实施后，对生物群落及其生存环境动态平衡系统的调节和补偿作用所产生的效益。

35）河流生态修复（river ecological restoration）

是生态工程学的一个分支，利用综合方法，使河流恢复因人类活动的干扰而丧失或退化的自然功能。恢复河流系统健康，实现河流和人类的和谐发展是河流生态修复的总体目标。通过河流生态修复重建健康的水生生态系统，形成各种生物群落配比合理、结构优化的河道生态系统，并且使河流生态系统实现整体协调、自我维持、自我演替的动态平衡过程。

36）生态河床（ecological riverbed）

是指在河流的自然形态的基础上，增加河底微地形以形成适宜水生动物生存的栖息环境，提高水体的溶解氧浓度。图 2-18 为生态河床实景图。

图 2-18　生态河床实景

37）生态护岸（ecological slope protection，ecological revetment）

也称生态型护岸、生态驳岸、生态河岸、生态岸线，包括生态挡墙和生态护坡，指采用生态材料修建、能为河湖生境的连续性提供基础条件的河湖岸坡，以及边坡稳定且能防止水流侵袭、淘刷的自然堤岸的统称。

随着现代城市建设的发展，城区河道护岸生态化建设逐渐在兴起，通过有选择地将植被与工程材料相组合使用，充分发挥植被和工程材料优势。生态护岸除了防止河岸坍方之外，还具备使河水与土壤相互渗透，增强河道自净能力，有一定自然景观效果的河道护坡形式。生态护岸是集防洪效应、生态效应、景观效应和自净效应于一体，不仅是护岸工程建设的一大进步，也将成为今后护岸工程建设的主流。

发达国家特别注重生态护岸，日本提出"亲水"的概念，开展了"创造多自然型河川计划"，河流采用多自然型河流治理法进行整治，其主要采用植物堤岸、石头及木材护底的自然河堤。欧洲许多国家在进行护岸工程设计时，非常注意沿岸的景观与生态系统，尽最大可能地参照采用天然状态下的河岸形式，避免以建筑物的形式去破坏自然生态系统的平衡。荷兰提出"给河流提供更多的空间"的口号，他们认为河岸堤防是河流自然系统中的一个组成部分，是形成从河道水流到陆地的一种转换，反之亦然，决不能将两者孤立起来。图 2-19 为生态护岸实景图。

图 2-19　生态护岸实景

生态护岸设计的主要内容应包括生态护岸材料和形式的选择、陆域缓冲带、水域生物群落构建和已建硬质护岸绿色改造等。生态护岸材料需要满足结构安全、稳定和耐久性等相关要求，常用的生态护岸材料主要有石笼、生态袋、生态混凝土块、开孔式混凝土砌块、连锁式混凝土砌块、叠石、干砌块石、网垫植被类、植生土坡及抛石等。表 2-10 为常用的生态护岸材料性能表。

常用的生态护岸材料性能　　　　　　　　　　　　　　　　　　　　表 2-10

材料类型	适用条件	适用范围	优点	缺点
石笼	河道流速一般不大于 4m/s	挡墙、护坡	抗冲刷、透水性强、施工简便、生物易于栖息	水生植物恢复较慢
生态袋	河道流速一般不大于 2m/s	挡墙、护坡	地基处理要求低、施工和养护简单	部分产品耐久性相对较差、常水位以下绿化效果较差
生态混凝土块	河道流速一般不大于 3m/s	挡墙、护坡	抗冲刷、透水性较强	生物恢复较慢
开孔式混凝土砌块	河道流速一般不大于 4m/s。坡比在 1:2 及更缓时使用	挡墙	整体性、抗冲刷、透水性好、施工和养护简单	生物恢复较慢
连锁式混凝土砌块	河道流速一般不大于 3m/s	挡墙	整体性、抗冲刷、透水性好、施工和养护简单	生物恢复较慢

材料类型	适用条件	适用范围	优点	缺点
叠石	对坡比及流速一般没有特别要求、适用于冲蚀严重的河道	挡墙	施工简单、生物易于栖息	水生植物恢复较慢
干砌块石	对坡比及流速一般没有特别要求、可适用于高流速、岸坡渗水较多的河道	护坡	抗冲刷、透水性强、施工简便	生物恢复较慢
网垫植被类	坡度在1:2及更缓时使用，河道流速一般不大于2m/s	护坡	生态亲和性较佳，植物恢复较快	部分产品材料耐久性一般
植生土坡	坡度在1:2.5及更缓时使用，河道流速一般不大于1.0m/s	护坡	生态亲和性佳，植物恢复快	不耐冲刷、不耐水位波动
抛石	坡度在1:2.5及更缓时使用	护坡	抗冲刷、透水性强、施工简便	在石缝中生长植物，植物覆盖度不高

38）生态衬砌（biological lining）

利用特定材料对灌溉渠道或排水沟道进行衬砌，衬砌后在减少渗漏的条件下，可形成植物、动物、微生物群落的一种技术。

39）水面率（ratio of water surface area to drainage area）

也称水域面积率，是指排水区内用以滞蓄涝水的湖泊和河网水面面积与排水区总面积的比值百分数。

水面率＝水面面积（规划区域内的河湖、湿地、塘洼等面积）÷同区域内总面积（规划区总面积）

水面积是以河道（湖泊）的设计水位或多年平均水位控制条件计算的面积。通过河道保护、湖库连通、水系联通等措施增加水面率，水面率是反映水域的一种直观形式，是保障社会经济可持续发展的一个重要参数。

水面率的内涵是从表面上看是指区域水面面积占区域总面积的比率，事实上，同一水域其水面面积随水文年份、不同季节、水文气象条件等条件而动态变化，其相应的水面率也是一个动态变化的数值。区域水面率是指一定区域范围内承载水域功能的区域面积占区域总面积的比率。所谓水域功能是指水域的直接提供可利用的水源、调蓄区域水资源、降解污染物和吸纳营养物质、保护生物多样性、休闲旅游、航运、调节气候等功能。因此，水面率不是一个严格定义的科学概念，而是通俗意义上的管理工具。其目的是提出一个指标，评估在自然力与人类活动双重作用下人类社会和水域自身的协调发展程度，进而通过水域管理工作，促进人类与自然的协调发展。

影响水面率的主要因素：

（1）可供水量

城市水面的大小与城市水资源可供量的多少有着直接的关系，没有水资源量的保证，城市水面就无法实现。南方水量丰沛，为构建水面提供了水资源条件；而对于我国北方水资源严重短缺的地区，城市水面面积的确定将受到水资源可供量的制约。因此，必须在对城市水资源进行优化配置的基础上，考虑水资源的承载能力，合理确定构建城市水面的可供水量。

（2）土地可供量

土地是一切城市活动的载体，城市水面的确定离不开土地，土地可供量的多少直接决定着水面的大小。经济的发展和城市化进程的加快，致使城市土地资源十分紧张，水面过大将影响城市的居住空间、交通体系和经济用地等，占用大量的土地来建设水面是不现实的。因此，必须在对土地的自然、社会、环境的组成、结构、功能等综合分析与评价的基础上，根据未来城市总体发展规划，合理确定水面的大小及布局形式。

（3）水面水质

随着经济的快速发展和城市人口密度的增大，大量未经处理的工业、生活污水直接排入水体，致使城市水污染日趋加重，城市河、渠水质标准不高，观赏性差，有的甚至成为排污河，此外，一些人工湖泊，水体流动性较差，富营养化严重，这样的水面不但不能美化环境，反而影响了城市环境和人体健康，同时也要注意水体的更新周期，如果水体的更新周期较长，水体不能够及时更新，也会影响水面功能的发挥。因此，形成城市水面的水体必须满足一定的水质要求。

（4）可拦蓄水量

城市内河、湖泊等水体不仅美化环境还具有一定的防洪排涝功能，增加水体面积也增加防洪能力。在城市规划建设中，水面面积的多少直接影响城市的防洪排涝标准。增加城市水面，其功能类似于流域防洪的蓄滞洪区，可以增加可拦蓄水量，有效地减少城区所产生的径流量，使得进入河道的水量减少，减轻河道的行洪压力，也减轻了城市的内涝程度，提高城市防洪排涝体系的安全性。同时，可缩小排水闸、泵站规模，提高其利用效率，既节省了投资费用又提高了经济效益。

（5）地下水补给

水面是地下水补给的有效途径之一，通过扩大水面，可以增加对地下水的补给，使地下水达到采补平衡，防止地下漏斗的产生，储存后备水源。在城市建设中，应预留部分土地作为雨水、中水的储存用地，如天然洼地、公园的河湖等。同时将绿化美化城市的河、湖、公园水域的建设运用与人工地下水的回补相结合，发挥有限水资源的多种功能，特别是要充分利用汛期洪水、雨季城市排水等，利用多余的地表水补充地下水。

（6）区域土地综合价值

合理的水面面积及布局形式可以提高相邻地域的居住适宜度和改善城市生态环境，进而带动水面周边地产、房产价格的升值和旅游业的发展，同时，改善城市的生存环境，提高城市品位，创造良好的投资环境，从而加快城市社会经济的可持续发展。近年来，我国的很多城市都非常重视城市适宜水面面积的研究和规划工作，拟通过建设一批人工湖、拓宽河道宽度或恢复自然河道等方式来增加水面和改善生态景观，调节局地小气候，达到提高人体舒适度的效果，带动地区土地综合价值的提高。

40）河湖水系生态防护比例（water system ecological protection ratio）

生态堤岸长度与堤岸总长度的比值。

41）新增水土流失治理率（new soil and water loss rate of governance）

规划治理区至规划期末的新增水土流失治理面积与现状水土流失面积的比值。

42）地下水埋深（groundwater depth）

地下水潜水面至地表的距离。

43）绿地率（ratio of green space）

指用地范围内各类绿地的总和与用地的比率。

绿地率 = 绿地面积 ÷ 用地面积

44）绿色屋顶（green roof）

也称绿化屋面、种植屋面等，指在高出地面以上，与自然土层不相连接的各类建筑物、构筑物的顶部以及天台、露台上由覆土层和疏水设施构建的绿化体系。

45）绿色屋顶率（green roof rate）

绿化屋顶的面积占建筑屋顶总面积的比例。

绿色屋顶率 = 绿化屋顶面积 ÷ 建筑屋顶总面积。

46）下沉式绿地（depressed green）

也称下凹式绿地，即低于周边地面标高、可积蓄、下渗自身和周边雨水径流的绿地。

47）生态树池（ecological tree pool）

也称为生态树桩，在铺装的地面上栽种树木时，在树木的周围保留的一块没有铺装且标高低于周边铺装的土地，可吸纳来自步行道、停车场和街道的雨水径流，是下沉式绿地的一种。

48）下沉式绿地率（depressed green rate）

高程低于周围汇水区域的绿地占绿地总面积的比例。

下沉式绿地率 = 下沉绿地面积 ÷ 绿地总面积。

49）雨水花园（rain garden）

自然形成或人工挖掘的下凹式绿地，种植灌木、花草，形成小型雨水滞留入渗设施，用于收集来自屋顶或地面的雨水，利用土壤和植物的过滤作用净化雨水，暂时滞留雨水并使之逐渐渗入土壤。

50）陆域缓冲带（land buffer zone）

包括陆生植物群落以及布设在其中的防汛通道、游步道、慢行道、休憩平台、人工湿地、下凹式绿地、植草沟等设施。

陆生植物群落构建应尽量保留和利用原有滨岸带的植物群落，特别是古树名木和体形较好的孤植树；还应遵循土著物种优先、提高生物多样性等原则，利用不同物种在空间、时间上的分异特征进行配置，形成乔、灌、草错落有致、季相分明的多层次立体化结构；地被植物应选择覆盖率高、拦截吸附性能好的物种；应根据不同植物的尺寸、株形和体量，结合其萌枝、分蘖特点，合理确定每种植物的种植密度和间距。

51）植被缓冲带（vegetation buffer strand）

指坡度较缓的植被区，通过植被拦截及土壤下渗作用减缓地表径流流速，并去除径流中的部分污染物的设施。

52）植被浅沟（grass swale）

可以转输雨水，在地表浅沟中种植植被，利用沟内的植物和土壤截留、净化雨水径流的设施。图 2-20 为植被浅沟示意图。

53）植草沟（grassed groove）

用来收集、输送和净化雨水的表面覆盖植被的明渠，可用于衔接其他海绵城市单项设施、城市雨水管渠和超标雨水径流排放系统。主要形式有转输型植草沟、渗透型的干式植草沟和经常有水的湿式植草沟。图 2-21 为植草沟示意图。

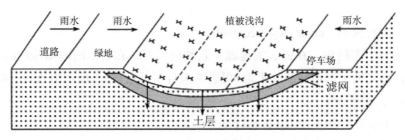

图 2-20　植被浅沟示意

图 2-21　植草沟示意

54）渗透系数（permeability）

也叫渗透率、水力传导率或达西系数。在单位水力梯度下，水流通过多孔介质单位断面积的流量。

55）土壤渗透系数（permeability coefficient of soil）

单位水力坡度下水的稳定渗透速度。土壤渗透系数应以实测资料为准，缺乏资料时，可参考表 2-11 中的数值选取。

土壤渗透系数　　　　　　　　　　　　　　　　　表 2-11

土质	渗透系数 K	
	m/d	m/s
黏土	< 0.005	$< 6 \times 10^{-8}$
粉质黏土	0.005 ~ 0.1	$6 \times 10^{-8} \sim 1 \times 10^{-6}$
黏质粉土	0.1 ~ 0.5	$1 \times 10^{-6} \sim 6 \times 10^{-6}$

土质	渗透系数 K	
	m/d	m/s
黄土	0.25 ~ 0.5	3×10^{-6} ~ 6×10^{-6}
粉砂	0.5 ~ 1.0	6×10^{-6} ~ 1×10^{-5}
细砂	1.0 ~ 5.0	1×10^{-5} ~ 6×10^{-5}
中砂	5.0 ~ 20.0	6×10^{-5} ~ 2×10^{-4}
均质中砂	35.0 ~ 50.0	4×10^{-4} ~ 6×10^{-4}
粗砂	20.0 ~ 50.0	2×10^{-4} ~ 6×10^{-4}
均质粗砂	60.0 ~ 75.0	7×10^{-4} ~ 8×10^{-4}

56）地下水导水系数（groundwater transmissibility）

地下水在单位水力梯度作用下，通过单位宽度含水介质的流量。

57）降雨入渗补给（recharge from rainfall infiltration）

降雨通过土壤入渗补充地下水的现象。

58）灌溉入渗补给（recharge from irrigation water infiltration）

降雨通过田面和渠道渗漏补充地下水的现象。

59）人工土壤渗滤设施（artificial soil infiltration facilities）

通过植被、土壤渗滤的多种理化反应后，使得出水达到回用水水质指标的雨水设施。

60）渗透弃流井（infiltration-removal well）

具有一定储存容积和过滤截污功能，将初期径流暂存并渗透至地下的装置。

61）渗透检查井（infiltration manhole）

具有渗透功能和一定沉沙容积的管道检查维护装置。

62）渗透池（塘）（infiltration basin）

指雨水通过侧壁和池底进行入渗的滞蓄水池（塘）。

63）渗透管渠（infiltration trench）

具有渗透和转输功能的雨水管或渠，一般采用穿孔塑料管、无砂混凝土管（渠）和砾（碎）石等材料组合而成。

64）雨水渗井（infiltration well）

雨水通过侧壁和井底进行入渗的设施。

65）渗透穿孔管（infiltration perforated pipe）

承压能力满足使用要求，且管壁按照一定规则分布有细小孔隙的透水不透砂的管道，用于过滤收集下渗后的雨水或增加雨水转输过程中的渗透等。

66）下垫面（underlying surface）

降雨受水面的总称，由地表的岩石、土壤、植被和水域等各类覆盖物所组成的，并能影响水量平衡及水文过程的一个综合体。

67）硬化地面（impervious surface）

通过人工行为使自然地面硬化形成的不透水或弱透水地面。

68）透水基层（permeablebase）

由粗骨料及水泥基胶结料拌合形成的具备一定透水性要求的道路基层。

69）透水路基（permeable embankment）

路基土透水性满足一定透水率要求的路基。

70）透水铺装（permeable pavement）

可渗透、滞留和排放雨水并满足荷载要求和结构强度的铺装结构。根据铺装结构下层是否设置排水盲管，分为半透水铺装和全透水铺装。

71）透水铺装率（permeable pavement rate）

人行道、停车场、广场采用透水铺装的面积占其总面积的比例。

透水铺装率＝透水铺装人行道、停车场、广场面积÷人行道、停车场、广场总面积。

72）铺装层容水量（water storage capacity of pavement layer）

单位面积透水地面铺装层可容纳雨水的最大量。

73）透水路面结构（pervious pavement structure）

分为半透水路面结构和全透水路面结构。路表水只能够渗透至面层或基层（或垫层）的道路结构体系为半透水路面结构；路表水能够直接通过道路的面层和基层（或垫层）向下渗透至路基中的道路结构体系为全透水路面结构。

74）透水沥青路面（pervious asphalt pavement）

由较大空隙率混合料作为路面结构层、容许路表水进入路面（或路基）的一类沥青路面。

75）透水水泥混凝土路面（pervious concrete pavement）

由具有较大空隙的混凝土作为路面结构层、容许路表水进入路面（或路基）的一类混凝土路面。

2.2.3 水环境类

1）地表水体水质达标率（surface water quality compliance rate）

规划区域内水质监测断面达标个数与总个数的比值，监测断面应包括规划区域河湖进出口及主要取用水、排水、敏感水域控制断面。

2）点源污染（point source pollution）

是指有固定排放点的污染源，以点状形式排放而使水体造成污染的发生源。一般工业污染源和生活污染源产生的工业废水和城市生活污水，经城市污水处理厂或经管渠输送到水体排放口，作为重要污染点源向水体排放。这种点源含污染物多，成分复杂，其变化规律依据工业废水和生活污水的排放规律，即有季节性和随机性。

3）面源污染（DP，diffuse pollution，surface source pollution）

也称非点源污染（NPS，non-point source pollution），是指溶解和固体的污染物从非特定地点，通过降雨（或融雪）和地表径流冲刷作用，将大气和地表中的污染物带入受纳水体（包括江河、湖泊、水库、港渠和海湾等），使受纳水体遭受有机污染、水体富营养化或有毒有害等形式污染的现象。

面源污染的特点是没有固定污染排放点，如没有排污管网的生活污水的排放。目前，湖泊等水体的富营养化主要是由面源带来的过量的氮、磷等所造成。

4）内源污染（endogenous pollution）

又称二次污染，是指江河湖库水体内部由于长期污染的积累产生的污染再排放。

内源污染主要指进入湖泊中的营养物质通过各种物理、化学和生物作用，逐渐沉降至湖泊底质表层。积累在底泥表层的氮、磷营养物质，一方面可被微生物直接摄入，进入食物链，参与水生生态系统的循环；另一方面，可在一定的物理化学及环境条件下，从底泥中释放出来而重新进入水中，从而形成湖内污染负荷。积极采取措施减少湖内污染负荷，如实施底泥疏浚，是控制湖泊富营养化的对策之一。

5）外源污染（exogenous pollution）

是指来自于某水体以外的污染物，它包括上游来水、地表径流、沿途排水、降雨降尘等。

外源污染是导致水体富营养化的主要原因之一，控制外源污染可以有效改善水生态系统的繁衍。

6）悬浮固体（SS，suspended solid）

也称悬浮物，将水样用滤纸过滤后，被截留的滤渣在105℃温度中烘干至恒重所得的重量。

7）生化需氧量（BOD，biochemical oxygen demand）

水样在水温为20℃的条件下，进行需氧生物氧化所消耗的溶解氧量。工程上多以5日作为测定生化需氧量的时间，通常以BOD_5表示。

8）化学需氧量（COD，chemical oxygen demand）

在一定条件下，水样中可氧化物从强氧化剂中所吸收的氧量。用高锰酸盐法测定，通常以COD_{Mn}表示；用重铬酸钾法测定，通常以COD_{Cr}表示。

9）水环境容量（water environmental capacity）

在一定时间范围内和在一定水环境质量要求下，水体所能容纳的污染物最大负荷量。

10）水环境影响评价（water environment impact assessment）

对项目开发及资源利用中的各种活动，评估和预测其对水质可能造成的影响程度和范围，并提出防范措施的工作。

11）灌溉环境医学评价（irrigation environment medical assessment）

对灌溉活动可能产生的卫生环境以及对人体和牲畜产生的医学问题进行评估和预测的工作。

12）水环境修复（water environment remediation）

利用工程、生物、化学、生态及水管理措施，使受污染水体得到净化的工作。

13）地表径流污染（runoff pollution）

是指在降雨过程中雨水及其形成的径流在流经过城市地面（居住区、工业区、商业区、停车场、街道等）时携带一系列污染物质（耗氧物质、油脂类、氮、磷、有害物质等）排入水体而造成的水体面源污染。

14）地表径流污染负荷模数（runoff pollution load modulus）

是指每次降水单位面积所产生的污染物负荷量。

15）径流污染控制（runoff pollution control）

径流污染控制是低影响开发雨水系统的控制目标之一，既要控制分流制径流污染物总量，也要控制合流制溢流的频次或污染物总量。各地应结合城市水环境质量要求、径流污染特征等确定径流污染综合控制目标和污染物指标，污染物指标可采用悬浮物（SS）、化学需氧量（COD）、总氮（TN）、总磷（TP）等。

16）年悬浮固体总量去除率（Total removal rate of suspended solid in year）

城市径流污染物中，SS 往往与其他污染物指标具有一定的相关性，因此，一般可采用悬浮物（SS）的控制率作为径流污染物控制指标，低影响开发雨水系统的年悬浮固体（SS）总量去除率一般可达到 40% ~ 60%。年悬浮固体（SS）总量去除率可用下述方法进行计算：

年悬浮固体（SS）总量去除率 = 年径流总量控制率 × 低影响开发设施对悬浮固体（SS）的平均去除率。

城市或开发区域年悬浮固体（SS）总量去除率，可通过不同区域、地块的年悬浮固体（SS）总量去除率经年径流总量（年均降雨量 × 综合雨量径流系数 × 汇水面积）加权平均计算得出。

考虑到径流污染物变化的随机性和复杂性，径流污染控制目标一般也通过径流总量控制来实现，并结合径流雨水中污染物的平均浓度和低影响开发设施的污染物去除率确定。

17）污水自然处理（natural treatment of wastewater）
利用自然生物作用的污水处理方法。

18）土地处理（land treatment）
利用土壤、微生物、植物组成的生态污水处理方法。通过该系统营养物质和水分的循环利用，使植物生长繁殖并不断被利用，实现污水的资源化、无害化和稳定化。

19）稳定塘（stabilization pond，stabilization lagoon）
经过人工适当修整，设围堤和防渗层的污水池塘，通过水生生态系统的物理和生物作用对污水进行自然处理。

20）灌溉田（sewage farming）
利用土地对污水进行自然生物处理的方法。一方面利用污水培育植物，另一方面利用土壤和植物净化污水。

21）水质预处理设施（pretreatment practices）
为满足低影响开发设施进水要求，用于初步处理雨水径流的设施。

22）初期雨水弃流设施（early rain flow facilities）
也称初期雨水截流井，通过一定方法或装置将存在初期雨水冲刷效应、污染物浓度较高的降雨初期径流予以弃除，以降低雨水的后续处理难度的设施。

23）人工湿地（artifical wetland，constructed wetland）

利用土地对污水进行自然处理的一种方法。用人工筑成水池或沟槽，种植芦苇类维管束植物或根系发达的水生植物，污水以推流方式与布满生物膜的介质表面和溶解氧进行充分接触，使水得到净化。

24）雨水净化（purification of harvesting water）

减少或消除汇集雨水径流杂质的措施。

25）雨水湿地（rain-fed wetland）

以雨水沉淀、过滤、净化和调蓄以及生态景观功能为主的，由饱和基质、挺水和沉水植被和水体等组成的复合体。

26）雨水湿塘（stormwater wet pond，stormwater wet basin）

用来调蓄雨水并具有生态净化功能的天然或人工水塘，雨水是主要补给水源。

27）排水分区（drainage division area）

考虑排水地区、水质、水文地质、容泄区水位和行政区划等因素，把一个地区划分成若干个不停排水方式排水区的工作。

28）排水工程（wastewater engineering，sewerage）

收集、输送、处理、再生和处置污水和雨水的工程。

29）排水系统（waste water engineering system）

收集、输送、处理、再生和处置污水和雨水的设施以一定方式组合成的总体。

30）排水体制（sewerage system）

在一个区域内收集、输送污水和雨水的方式，有合流制和分流制两种基本方式。

31）排水设施（wastewater facilities）

排水工程中的管道、构筑物和设备等的统称。

32）路面边缘排水系统（pavement edge drainage system）

沿路面结构外侧边缘设置的排水系统。通常由透水性填料集水沟、纵向排水管、过滤织物等组成的。

33）合流制（combined system）

用同一管渠系统收集、输送污水和雨水的排水方式。

34）合流制管道溢流（combined sewer overflow）

合流制排水系统降雨时，超过截流能力的水排入水体的状况。

35）分流制（separate system）

用不同管渠系统分别收集、输送污水和雨水的排水方式。

36）截流倍数（interception ratio）

合流制排水系统在降雨时被截流的雨水径流量与平均旱流污水量的比值。

2.2.4 水资源类

1）城镇污水（urban wastewater，sewage）

综合生活污水、工业废水和入渗地下水的总称。

2）城镇污水系统（urban wastewater system）

收集、输送、处理、再生和处置城镇污水的设施以一定方式组合成的总体。

3）旱流污水（dry weather flow，dry flow sewage）

合流制排水系统晴天时的城镇污水。

4）生活污水（domestic wastewater，sewage）

居民生活产生的污水。

5）综合生活污水（comprehensive sewage）

居民生活和公共服务产生的污水。

6）工业废水（industrial wastewater）

工业企业生产过程产生的废水。

7）入渗地下水（infiltrated ground water）

通过管渠和附属构筑物进入排水管渠的地下水。

8）总变化系数（peaking factor）

最高日最高时污水量与平均日平均时污水量的比值。

9）污水再生利用（wastewater reuse）

污水回收、再生和利用的统称，包括污水净化再用、实现水循环的全过程。

10）再生水（reclaimed water，reuse water）

污水经适当处理后，达到一定的水质标准，满足某种使用要求的水。

11）再生水利用率（reclaimed water utilization rate）

再生水利用量与污水处理总量的比值，再生水利用量为用于生产、生活、生态的再生水量。

12）地下水量平衡（groundwater balance）

对规定时段和一定区域内地下水补给量和开采量所作的平衡计算。

13）雨水控制与利用（stormwater management and harvest）

削减径流总量、峰值及降低径流污染和收集回用雨水的总称。包括雨水滞蓄、收集回用和调节等。

14）雨水调蓄（stormwater detention）

在降雨期间调节和储存部分雨水，以增加雨水收集回用或削减径流污染、径流峰值的措施。

雨水调蓄工程按系统类型可分为源头调蓄、管渠调蓄和超标雨水调蓄，调蓄的位置应根据调蓄目的、排水体制、管渠布置、溢流管下游水位高程和周围环境等因素确定，可采用多种工程相结合的方式达到调蓄目标，有条件的地区宜采用数学模型进行方案优化。

15）浅层调蓄池（shallow stormwater storage tank）

采用人工材料在绿地或广场下部浅层空间设置的雨水调蓄设施，可为矩形镂空箱体、半管式、管式等多种结构。图 2-22 为浅层调蓄池实景图。

 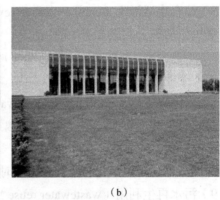

（a） （b）

图 2-22 浅层调蓄池实景

（a）施工中；（b）施工后

16）雨水储存（stormwater retention or storage）

采用具有一定容积的设施，对径流雨水进行滞留、集蓄，削减径流总量，以达到集蓄利用、补充地下水或净化雨水等目的。

17）雨水蓄水池（stormwater reservoir）

指具有雨水储存功能和削减峰值流量作用的集蓄利用设施。

18）雨水蓄水模块（rainwater storage module）

以聚丙烯为主要材料，采用注塑工艺加工成型，并能承受一定外力的矩形镂空箱体。

19）雨水罐（stormwater container）

也称雨水桶或水扑满（water piggy bank），是地上或地下封闭式的简易雨水集蓄利用设施。

20）雨水调节（stormwater detention）

在降雨期间暂时储存一定量的雨水，削减向下游排放的雨水峰值流量、延长排放时间，一般不减少排放的径流总量，也称调控排放。

21）雨水调节池（stormwater regulating pool）

是用于削减雨水管渠峰值流量的一种雨水调节设施。

22）雨水调节塘（stormwater regulating pond）

也称干塘，是以削减峰值流量功能为主的一种雨水调节设施。

23）雨水渗透（stormwater infiltration）

在降雨期间使雨水分散并被渗透到人工介质内、土壤中或地下，以增加雨水回补地下水、净化径流和削减径流峰值的措施。

24）雨水滞留（stormwater retention）

在降雨期间暂时储存部分雨水，以增加雨水渗透、蒸发并收集回用的措施。

25）生物滞留设施（bioretention measure）

在地势较低的区域通过植物、土壤和微生物系统滞蓄、净化并延缓雨水径流的人工设施，由植物层、蓄水层、土壤层、过滤层（或排水层）构成。

26）雨水断接（stormwater disconnection）

通过切断硬化面或建筑雨落管的径流路径，将径流合理连接到绿地等透水区域，通过渗透、调蓄及净化等方式控制径流雨水的方法。

27）雨水资源利用率（the ratio of rainwater resource utilization）

雨水资源利用量与多年平均降水总量的比值，雨水资源利用量为经过人工收集处理措施后用于生产、生活、生态的雨水量。

区域系统和建筑与小区系统的雨水资源利用率指年雨水利用总量占年降雨量的比例；绿地系统的雨水资源利用率指绿地系统年雨水利用总量占绿地区域年径流总量的比例。

2.2.5 水安全类

1）防洪标准（flood control standard）

各种防洪保护对象或工程本身要求达到的防御洪水的标准。通常以频率法计算的某一重现期的设计洪水位防洪标准，或以某一实际洪水（或将其适当放大）作为防洪标准。

防洪标准的高低，与防洪保护对象的重要性、洪水灾害的严重性及其影响直接有关，并与国民经济的发展水平相联系。国家根据需要与可能，对不同保护对象颁布了不同防洪标准的等级划分。在防洪工程的规划设计中，一般按照规范选定防洪标准，并进行必要的论证。阐明工程选定的防洪标准的经济合理性。对于特殊情况，如洪水泛滥可能造成大量生命财产损失等严重后果时，经过充分论证，可采用高于规范规定的标准。如因投资、工程量等因素的限制一时难以达到规定的防洪标准时，经过论证可以分期达到。

以国务院批复的流域防洪规划、流域综合规划确定的城市防洪标准为依据；流域防洪规划、流域综合规划未明确防洪标准的城市，按《防洪标准》（GB 50201-2014）确定。城市防护区应根据政治、经济地位的重要性、常住人口或当量经济规模指标分为四个防护等级，其防护等级和防洪标准应按表2-12确定。

城市防护区的防护等级和防洪标准 表2-12

防护等级	重要性	常住人口（×10⁴人）	当量经济规模（×10⁴人）	防洪标准［重现期（年）］
I	特别重要	≥ 150	≥ 300	≥ 200
II	重要	< 150，≥ 50	< 300，≥ 100	200-100
III	比较重要	< 50，≥ 20	< 100，≥ 40	100-50
IV	一般	< 20	< 40	50-20

由于全球气候变化，特大暴雨发生频率越来越高，引发洪水灾害频繁，为保障城镇居民生活和工厂企业运行正常，在城镇防洪体系中应采取措施防止洪水对城镇排水系统的影响而造成内涝。措施有设置泄洪通道、城镇设置圩垸等。

2）防洪堤达标率（standard rate of flood control embankment）

防洪堤防达标长度与现有及规划防洪堤防总长度的比值。

3）内涝（local flooding）

强降雨或连续性降雨超过城镇排水能力，导致城镇地面产生积水灾害的现象。

4）城市内涝（urban waterlogging）

是指由于强降水或连续性降水超过城市排水能力致使城市内产生积水灾害的

现象。造成内涝的客观原因是降雨强度大，范围集中。降雨特别急的地方可能形成积水，降雨强度比较大、时间比较长也有可能形成积水。城市内涝通常是指积水深度在15cm以上，积水时间超过30min以上的现象。

5）内涝防治系统（local flooding prevention and control system）

用于防止和应对城镇内涝的工程性设施和非工程性措施以一定方式组合成的总体，包括雨水收集、输送、调蓄、行泄、处理和利用的天然和人工设施以及管理措施等。

6）排涝达标率（standard rate of flood drainage）

规划区内排涝达标面积与规划区面积的比值。

7）雨水管渠设计重现期（sewer design recurrence interval for storm）

用于进行雨水管渠设计的暴雨重现期。雨水管渠设计重现期，应根据汇水地区性质、城镇类型、地形特点和气候特征等因素，经技术经济比较后按表2-13的规定取值，并应符合下列规定。

（1）人口密集、内涝易发且经济条件较好的城镇，宜采用规定的上限；

（2）新建地区应按本规定执行，原有地区应结合地区改建、道路建设等更新排水系统，并按本规定执行；

（3）同一排水系统可采用不同的设计重现期。

雨水管渠设计重现期（年） 表2-13

城镇类型 \ 城区类型	中心城区	非中心城区	中心城区的重要地区	中心城区地下通道和下沉式广场等
超大城市和特大城市	3~5	2~3	5~10	30~50
大城市	2~3	2~3	5~10	20~30
中等城市和小城市	2~3	2~3	3~5	10~20

注：1. 按表中所列重现期设计暴雨强度公式时，均采用年最大值法；

2. 雨水管渠应按重力流、满管流计算；

3. 超大城市指城区常住人口在 1.0×10^{7} 人以上的城市；特大城市指城区常住人口 5.0×10^{6} 人以上 1.0×10^{7} 人以下的城市；大城市指城区常住人口 1.0×10^{6} 人以上 5.0×10^{6} 人以下的城市；中等城市指城区常住人口 5.0×10^{5} 人以上 1.0×10^{6} 人以下的城市；小城市指城区常住人口在 5.0×10^{5} 人以下的城市。（以上包括本数，以下不包括本数）

8）超标雨水（excess storm water runoff）

超出排水管渠设施承载能力的雨水径流。

9）内涝防治设计重现期（recurrence interval for local flooding design）

用于进行城镇内涝防治系统设计的暴雨重现期，使地面、道路等地区的积水深度不超过一定的标准。内涝防治设计重现期大于雨水管渠设计重现期。

内涝防治设计重现期，应根据城镇类型、积水影响程度和内河水位变化等因素，经技术经济比较后确定，应按表 2-14 的规定取值，并应符合下列规定：

（1）人口密集、内涝易发且经济条件较好的城市，宜采用规定的上限；

（2）目前不具备条件的地区可分期达到标准；

（3）当地面积水不满足表 2-14 的要求时，应采取渗透、调蓄、设置雨洪行泄通道和内河整治等措施；

（4）对超过内涝设计重现期的暴雨，应采取预警和应急等控制措施。

内涝防治设计重现期 表 2-14

城镇类型	重现期（年）	地面积水设计标准
超大城市和特大城市	50 ~ 100	1. 居民住宅和工商业建筑物的底层不进水； 2. 道路中一条车道的积水深度不超过 15cm
大城市	30 ~ 50	
中等城市和小城市	20 ~ 30	

注：1. 表中所列设计重现期适用于采用年最大值法确定的暴雨强度公式；

2. 超大城市指城区常住人口在 1.0×10^7 人以上的城市；特大城市指城区常住人口 5.0×10^6 人以上 1.0×10^7 人以下的城市；大城市指城区常住人口 1.0×10^6 人以上 5.0×10^6 人以下的城市；中等城市指城区常住人口 5.0×10^5 人以上 1.0×10^6 人以下的城市；小城市指城区常住人口在 5.0×10^5 人以下的城市。（以上包括本数，以下不包括本数）

10）蓄排水管（storage and drainage pipes）

在满足使用性能要求的雨水管道上安装调蓄冲洗闸门，将雨水进行调蓄，当水位达到设定水位时，闸门自动开启，对下游管道进行冲洗；这样既可以对雨水进行调蓄，控制雨水径流量，又能进行管道的冲洗。蓄排水管应具有良好的防腐性能、水力性能、密封性和抗不均匀沉降性等。雨水拦蓄冲洗闸门可根据建设规模合理选择蓄冲洗闸门的尺寸，闸门打开形式可选用下开式闸门或翻转式闸门。

11）复管（double pipes）

在排水能力不足的排水系统基础上设置复管系统，降雨开始，初期雨水经过雨水口拦截悬浮物后全部进入复管系统。复管系统满流时，闸门自动关闭，复管系统处于蓄水状态。后期雨水通过复管系统检查井与现状雨水田之间的连接管溢流进入现状雨水口，通过雨水口排放到原市政雨水管道或自然水体。降雨结束后，复管系统内的雨水可根据需要进行净化消毒处理二次利用。复管系统内的蓄水还可作为冲洗淤积及沉淀用。到冲洗周期，从下游至上游依次放开闸门，利用复管内蓄水冲洗管道。汛期预先放开闸门排空复管系统内的蓄水，作为汛期的另一个排水通道，就近排入水体。

2.3 渗透技术

渗透技术包括的单项设施主要有绿色屋顶、透水铺装（透水砖铺装、透水水泥混凝土铺装、透水沥青铺装、嵌草砖铺装、嵌草汀步铺装及鹅卵石、碎石铺装等）、下沉式绿地（城市道路下沉式绿地、雨水花园）、生物滞留设施（简易型生物滞留设施、复杂型生物滞留设施）、雨水渗透塘（池）、雨水渗井。

2.3.1 绿色屋顶

也称绿化屋面、种植屋面等。绿色屋顶可有效减少屋面径流总量和径流污染负荷，具有节能减排的作用，但对屋顶荷载、防水、坡度、空间条件等有严格要求。

根据种植基质深度和景观复杂程度，绿色屋顶分为简单式和花园式，基质深度根据植物需求及屋顶荷载确定，简单式绿色屋顶的基质深度一般不大于150 mm，花园式绿色屋顶在种植乔木时基质深度可超过600 mm。按功能结构划分，绿化屋顶可分为5层，从上到下依次是：植被层、基质层、过滤层、蓄排水层及防水层。在实际应用中，以上5个功能层缺一不可，每一层都关系着整个屋顶植物的生长状况及后期的维护管理。

根据建筑屋顶类型，绿色屋顶又分为绿色平屋顶（新建与既有）和绿色坡屋顶（新建与既有），绿色屋顶应特别注重承载能力和防水能力评估。对新建绿色屋顶设计应包括种植荷载在内的全部构造荷载，以及施工中的临时堆放荷载，并应注意建筑屋顶防水及构造设计；当既有建筑屋面改造为绿色屋顶时，应对重新核算既有建筑屋顶承载能力，并重新评估既有建筑屋顶防水及构造，必要时应加固改造之后方可实施。图 2-23 为绿色平屋顶与绿色坡屋顶构造示意图，图 2-24 为绿色平屋顶与绿色坡屋顶实例、图 2-25 为某地温泉博物馆绿色屋顶实例图。

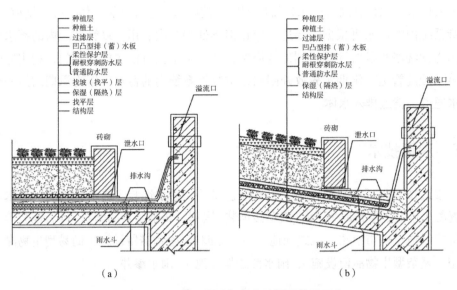

图 2-23　绿色平屋顶与绿色坡屋顶构造示意

（a）绿色平屋顶；（b）绿色坡屋顶

图 2-24　绿色平屋顶与绿色坡屋顶实例

（a）绿色平屋顶；（b）绿色坡屋顶

图 2-25　某地温泉博物馆绿色屋顶实例

2.3.2 透水铺装路面

1）概述

（1）透水铺装主要有：透水砖路面、透水水泥混凝土路面、透水沥青、嵌草砖铺装、嵌草汀步铺装及鹅卵石、碎石透水路面等。透水铺装结构层应由透水面层、基层、垫层组成，包括封层、找平层与反滤隔离层等功能层。

（2）透水铺装的设计应根据当地的水文、地质、气候环境等条件，并结合雨水排放规划和雨洪利用要求，协调相关附属设施。透水铺装应满足荷载、透水、防滑等使用功能及抗冻胀等耐久性要求。

（3）透水铺装适用区域广、施工方便，可补充地下水并具有一定的峰值流量削减和雨水净化作用。应注意易堵塞，寒冷地区有被冻融破坏的风险，其中全透式路面不适用于严寒地区、湿陷性黄土地区、盐渍土地区、膨胀土地区、滑坡灾害地区的道路。

（4）透水铺装除了满足相关标准要求外，还应满足：①透水铺装对道路路基强度和稳定性的潜在风险较大时，可采用半透水铺装结构；②土地透水能力有限时，应在透水铺装的透水基层内设置排水管或排水板；③当透水铺装设置在地下室顶板上时，顶板覆土厚度不应小于 600 mm，并应设置排水层。

2）透水砖路面

透水砖路面分为全透式与半透式，对人行道、非机动车道、停车场与广场等宜选用全透式透水砖路面；轻型荷载道路宜选用半透式透水砖路面。图 2-26 为透水砖路面构造示意与实例图。

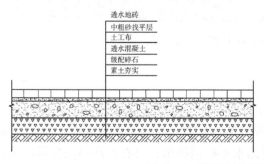

透水地砖
中粗砂找平层
土工布
透水混凝土
级配碎石
素土夯实

图 2-26 透水砖路面构造示意与实例

3）透水水泥混凝土路面

透水水泥混凝土路面分为全透式与半透式，对人行道、非机动车道、停车场与广场等宜选用全透式透水水泥混凝土路面；轻型荷载道路宜选用半透式透水水泥混凝土路面。图 2-27 为透水水泥混凝土路面构造示意图，图 2-28 为透水水泥混凝土路面实例图。

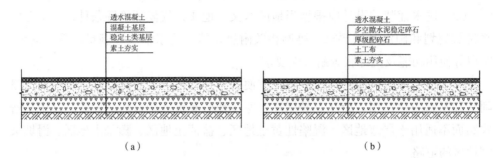

（a）　　　　　　　　　　　　　　　　　（b）

图 2-27　透水水泥混凝土路面构造示意

（a）机动车道；（b）非机动车道与人行道

图 2-28　透水水泥混凝土路面实例

4）透水沥青路面

透水沥青路面分为表层排水式、半透式与全透式三种。

（1）表层排水式透水沥青路面是路面表面沥青层作为透水功能层，沥青表面层下设封层，雨水通过沥青表面层内部水平横向排出，具有提高路面抗滑能力、减少降雨时的路表径流和降低道路两侧噪声功能，适用于新建、改建城市高架快速路及其他等级道路；

（2）半透式透水沥青路面是沥青面层与基层均具有透水能力，雨水降落到路面后，渗入面层、基层，在基层底部横向排水，具有储水、减少地面径流量、减轻暴雨时城市排水系统的负担等功能，适用于轻型荷载道路；

（3）全透式透水沥青路面是整个路面结构即面层、基层和垫层都具有良好的透水性能，在降雨结束后的一定时间内，雨水通过路面结构下渗土基，具有补充城市地下水资源，改善道路周边的水平衡和生态条件的功能，适用于非机动车道、停车场、广场。图 2-29 为透水沥青路面构造示意图，图 2-30 为透水沥青路面实例。

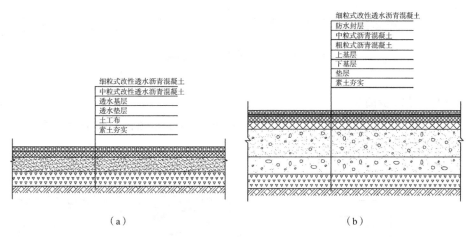

（a）　　　　　　　　　　　　　　　（b）

图 2-29　透水沥青路面构造示意

（a）机动车道；（b）非机动车道与人行道

图 2-30　透水沥青路面实例

5）嵌草砖铺装

适用于广场、公园、停车场、人行道等。图2-31为嵌草砖路面构造示意与实例图。

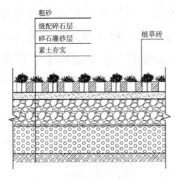

图 2-31　嵌草砖路面构造示意与实例

6）嵌草汀步铺装

也称掇步、踏步，是步石的一种类型，嵌草汀步是园林中的小景。图2-32为嵌草汀步路面构造示意与实例图。

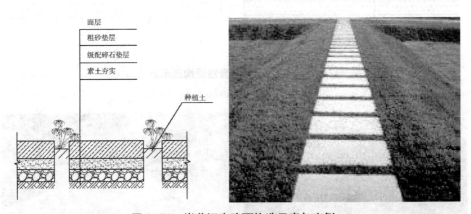

图 2-32　嵌草汀步路面构造示意与实例

7）鹅卵石、碎石透水铺装

适用于公园、庭院、休闲等人行场所，图2-33为公园与庭院中鹅卵石、碎石透水铺装实例图。

图 2-33　公园与庭院中鹅卵石、碎石透水铺装实例

2.3.3　下沉式绿地

下沉式绿地指低于周边铺砌地面或道路在 200 mm 以内的绿地。其应满足：①下沉式绿地的下凹深度应根据植物耐淹性能和土壤渗透性能确定，一般为 100 ～ 200 mm；②下沉式绿地内一般应设置溢流口（如雨水口），保证暴雨时径流的溢流排放，溢流口顶部标高一般应高于绿地 50 ～ 100mm；③硬化地的坡向应衔接下沉式绿地，雨水径流沿着硬地坡度汇集到绿地附近；④路缘石高度的设计与周边地表高度保持在同一水平高度线上，从而让雨水径流能够从周边进入到下沉式绿地，若基于路缘石高度的设计要求要高于周围地表，可在路缘石上通过设置缺口的方式来分散雨水径流，但应该在雨水集中入水口位置设置消能设施；⑤可在绿地位置或者绿地与硬地交接处设置雨水溢流口，雨水口高度要求低于地面高度而高于下沉式绿地高度，这样，当过量的雨水能够通过溢流口排入到雨水管道。

下沉式绿地可广泛应用于城市建筑与小区、道路、绿地和广场内。对于径流污染严重、设施底部渗透面距离季节性最高地下水位或岩石层小于 1m 及距离建筑物基础小于 3m（水平距离）的区域，应采取必要的措施防止次生灾害的发生。

1）城市道路下沉式绿地

适用于城市道路中分带与侧分带等。城市道路下沉式绿地以草本植物为主，相对单一，相对简单。要求植物本身有较强的耐淹性，具有更长的水力停留时间。图 2-34 为下沉式绿地构造示意图，图 2-35 为城市道路下沉式绿地构造示意图，图 2-36 为城市道路下沉式绿地实例图。

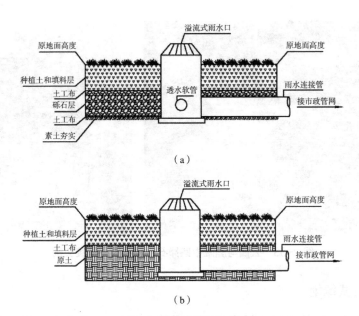

（a）

（b）

图 2-34 下沉式绿地构造示意

（a）带透水软管；（b）不带透水软管

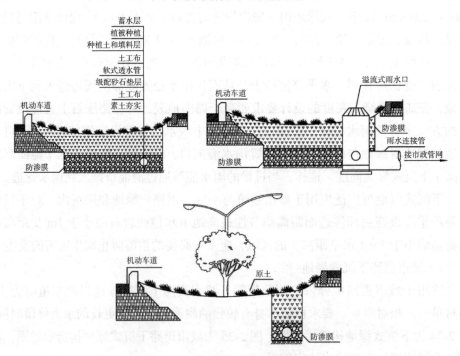

图 2-35 城市道路下沉式绿地构造示意

（a） （b）

（c）

图 2-36 城市道路下沉式绿地实例

（a）左边侧分带；（b）右边侧分带；（c）中分带

2）生态树池

适用广场、人行道、非机动车道、机动车道等场所。图 2-37 为一种城市人行道生态树池构造示意图，图 2-38 为生态树池实例图。

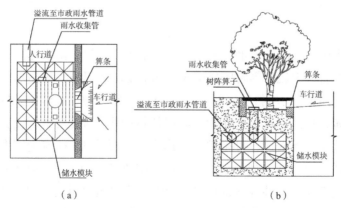

（a） （b）

图 2-37 一种城市人行道生态树池构造示意

（a）平面；（b）剖面

图 2-38　生态树池实例

3）微凹地形

微凹地形能承担一定的滞水和雨水转输功能，将雨水汇至下游的雨水花园等。微凹地形适用小区、公园与广场等场所。图 2-39 为微凹地形示意示意图，图 2-40为微凹地形实例图。

4）雨水花园

适用于小区与公园。雨水花园相对更注重景观效果，雨水花园一般由设计滤料层、雨水渗管、溢流口等附属物构成，构造上较为复杂，更追求景观效果。雨水花园设计应注意：①填料层厚度宜为 50cm。地形开敞、径流量大的区域适用调蓄型雨水花园，可采用瓜子片作为填料层填料；硬质铺装密集、径流污染严重的区域适用净化型雨水花园，可采用沸石作为填料层填料；径流量较大、径流污染严重的区域适用综合功能型雨水花园，可采用改良种植土作为填料层填料；②边缘距离建筑物基础应不少于 3.0m；③应选择地势平坦、土壤排水性良好的场地，不得设置在供水系统或水井周边；④雨水花园内应设置溢流设施，溢流设施顶部应低于汇水面 100mm。雨水花园的底部与当地的地下水季节性高水位的距离应大于 1m，当不能满足要求时，应在底部敷设防渗材料；⑤应分散布置，规模不宜过大，汇水面积与雨水花园面积之比宜为 20～25；常用雨水花园面积宜为 30～40m²，蓄水层宜为 0.2m，边坡宜为 1/4。图 2-41 为雨水花园典型构造示意图，图 2-42 为雨水花园典型案例图。

图 2-39　微凹地形示意

图 2-40　微凹地形实例

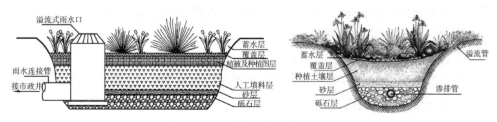

图 2-41　雨水花园典型构造示意

097

图 2-42　雨水花园典型案例

2.3.4　生物滞留设施

　　生物滞留设施主要适用于建筑与小区内建筑、道路及停车场的周边绿地，以及城市道路绿化带等城市绿地内。生物滞留设施分为简易型生物滞留设施和复杂型生物滞留设施。生物滞留设施形式多样、适用区域广、易与景观结合，径流控制效果好。

　　生物滞留设施基本要求：①应及时补种修剪植物、清除杂草；②进水口不能有效收集汇水面径流雨水时，应加大进水口规模或进行局部下凹等；③进水口、溢流口因冲刷造成水土流失时，应设置碎石缓冲或采取其他防冲刷措施；④进水口、溢流口堵塞或淤积导致过水不畅时，应及时清理垃圾与沉积物；⑤调蓄空间因沉积物淤积导致调蓄能力不足时，应及时清理沉积物；⑥边坡出现坍塌时，应进行加固；⑦由于坡度导致调蓄空间调蓄能力不足时，应增设挡水堰或抬高挡水堰、溢流口高程；⑧当调蓄空间雨水的排空时间超过 36h 时，应及时置换树皮覆盖层或表层种植土；⑨出水水质不符合设计要求时应换填填料。

　　1）简易型生物滞留设施

　　由蓄水层、覆盖层、原土层、溢流口和检查井等构成。图 2-43 为简易型生物滞留设施典型构造示意图，图 2-44 为简易型生物滞留设施实例图。

　　2）复杂型生物滞留设施

　　由蓄水层、覆盖层、换土层、透水层、穿孔排水管、砾石层、防渗膜、溢流口和检查井等构成。图 2-45 为复杂型生物滞留设施典型构造示意图，图 2-46 为复杂型生物滞留设施实例图。

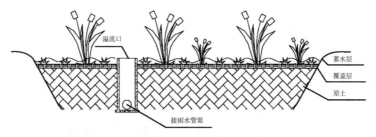

图 2-43　简易型生物滞留设施典型构造示意

图 2-44　简易型生物滞留设施实例

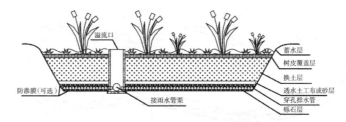

图 2-45　复杂型生物滞留设施典型构造示意

图 2-46　复杂型生物滞留设施实例

2.3.5 雨水渗透塘（池）

雨水渗透塘（池）适用于汇水面积较大（大于 1hm²）且具有一定空间条件的区域。雨水渗透塘（池）大小视水量和地形条件而定，也可以几个小池联合使用。雨水渗透塘（池）断面可以是矩形、梯形、抛物线形等。雨水渗透塘（池）堤岸主要有块石堆砌、土工织物铺盖、自然植被土壤等几种作法。雨水渗透塘（池）分为干式和湿式两类，干式雨水渗透塘（池）在非雨季常常无水，雨季时则视雨量的大小水位变化很大。湿式雨水渗透塘（池）则常年有水，类似一个水塘。

利用天然低洼地作雨水渗透塘（池）是一种经济的方法。对池的底部作一些简单处理，如铺设砂石等透水性材料，其雨水渗透性能会大大提高。雨水渗透塘（池）应设计溢流设施，以使超过设计渗透能力的暴雨顺利排出场外，确保安全。图 2-47 为雨水渗透塘（池）典型平面示意图，图 2-48 为雨水渗透塘（池）典型构造示意图，图 2-49 为雨水渗透塘（池）实例图。

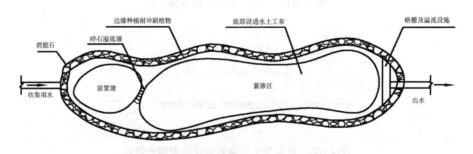

图 2-47 雨水渗透塘（池）典型平面示意

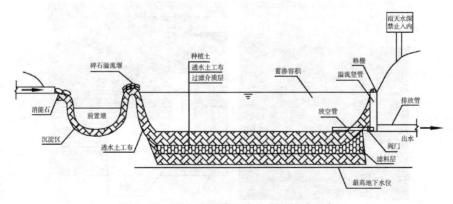

图 2-48 雨水渗透塘（池）典型构造示意

可作草坪的渗透池

渗透池草坪实景

图 2-49　雨水渗透塘（池）实例

2.3.6　雨水渗井

　　雨水渗井是通过井壁和井底进行雨水下渗，为了增大渗透效果，可在渗井周围设置水平渗排管，并在渗排管周围铺设砾（碎）石。雨水渗井适用于建筑与小区内建筑、道路及停车场的周边绿地内。

　　雨水渗井基本要求：①雨水通过雨水渗井下渗前应通过植草沟、植被缓冲带等设施对雨水进行预处理；②雨水渗井的出水管的内底高程应高于进水管管内顶高程，但不应高于上游相邻井的出水管管内底高程。雨水渗井调蓄容积不足时，也可在雨水渗井周围连接水平渗排管，形成辐射渗井。图 2-50 为雨水渗井构造示意图，图 2-51 为雨水渗井外形与实例图。

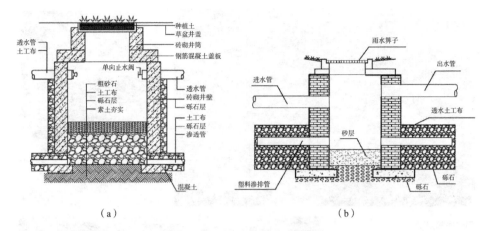

（a） （b）

图 2-50 雨水渗井构造示意

（a）普通式雨水渗井；（b）辐射式雨水渗井

图 2-51 雨水渗井外形与实例

2.4 储存技术

储存技术主要包括雨水湿塘、雨水湿地、雨水蓄水池、雨水罐等。

2.4.1 雨水湿塘

湿塘指具有雨水调蓄和净化功能的景观水体,雨水同时作为其主要的补水水源。湿塘有时可结合绿地、开放空间等场地条件设计为多功能调蓄水体,即平时发挥正常的景观及休闲、娱乐功能,暴雨发生时发挥调蓄功能,实现土地资源的多功能利用。

雨水湿塘可有效削减较大区域的径流总量、径流污染和峰值流量,是城市内涝防治系统的重要组成部分;但对场地条件要求较严格,建设和维护费用高。

雨水湿塘一般构成:由进水口、前置塘、主塘、溢流出水口、护坡及护岸、维护通道等构成。

雨水湿塘适用于建筑与小区、城市绿地、广场等具有空间条件的场地。

雨水湿塘基本要求:①进水口和溢流出水口应设置碎石、消能坎等消能设施,防止水流冲刷和侵蚀;②前置塘为湿塘的预处理设施,起到沉淀径流中大颗粒污染物的作用;池底一般为混凝土或块石结构,便于清淤;前置塘应设置清淤通道及防护设施,护岸形式宜为生态软护岸,边坡坡度(垂直:水平)一般为 1:2 ~ 1:8;前置塘沉泥区容积应根据清淤周期和所汇入径流雨水的 SS 污染物负荷确定;③主塘一般包括常水位以下的永久容积和储存容积,永久容积水深一般为 0.8 ~ 2.5m;储存容积一般根据所在区域相关规划提出的"单位面积控制容积"确定;具有峰值流量削减功能的湿塘还包括调节容积,调节容积应在 24 ~ 48h 内排空;主塘与前置塘间宜设置水生植物种植区(雨水湿地),主塘护岸宜为生态软护岸,边坡坡度(垂直:水平)不宜大于 1:6;④溢流出水口包括溢流竖管和溢洪道,排水能力应根据下游雨水管渠或超标雨水径流排放系统的排水能力确定;⑤湿塘应设置护栏、警示牌等安全防护与警示措施。图 2-52 为湿塘平面示意图,图 2-53 为湿塘典型构造示意图,图 2-54 为湿塘实例图。

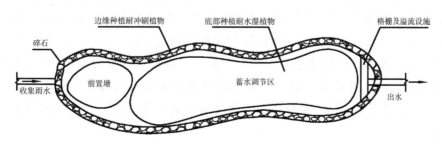

图 2-52 湿塘平面示意

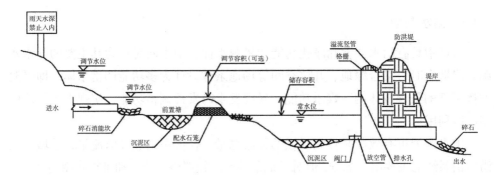

图 2-53　湿塘典型构造示意

图 2-54　湿塘实例

2.4.2　雨水湿地

雨水湿地适用于具有一定空间条件的建筑与小区、城市道路、城市绿地、滨水带等区域。雨水湿地能充分利用物理、水生植物及微生物等作用净化雨水，是一种高效的径流污染控制设施，雨水湿地分为雨水表流湿地和雨水潜流湿地，一般设计成防渗型以便维持雨水湿地植物所需要的水量，雨水湿地常与湿塘合建并设计一定的调蓄容积。雨水湿地与湿塘的构造相似，一般由进水口、前置塘、沼泽区、出水池、溢流出水口、护坡及护岸、维护通道等构成。雨水湿地可有效削减污染物，并具有一定的径流总量和峰值流量控制效果。图 2-55 为雨水湿地平面示意图，图 2-56 为雨水湿地典型构造示意图，图 2-57 为雨水湿地实例图。

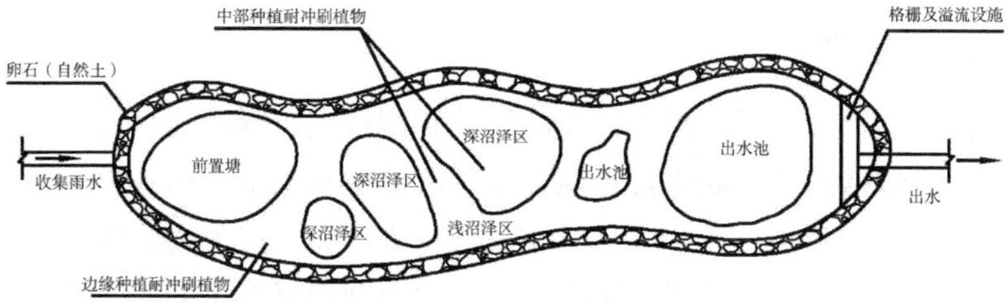

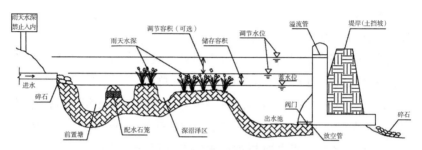

图 2-55 雨水湿地平面示意

图 2-56 雨水湿地典型构造示意

图 2-57 雨水湿地实例

2.4.3 雨水蓄水池

雨水蓄水池指具有雨水储存功能的集蓄利用设施，同时也具有削减峰值流量的作用，主要包括钢筋混凝土蓄水池，砖、石砌筑蓄水池及塑料蓄水模块拼装式蓄水池。用地紧张的城市大多采用地下封闭式蓄水池；用于削减峰值流量和雨水综合利用的雨水蓄水池宜设置在源头，雨水综合利用系统中的雨水蓄水池宜设计为封闭式；用于削减峰值流量和控制径流污染的雨水蓄水池宜设置在管渠系统中，且宜设计为地下式。

雨水蓄水池相关要求：

1）收集回用系统的雨水蓄水池：降雨设计重现期宜取 1 ~ 2 年，有效储水容积不宜小于集水面重现期 1 ~ 2 年的日雨水设计总量。

2）调蓄排放系统的雨水蓄水池：降雨设计重现期宜取 2 年，日雨量的排空时间宜取 12h。雨水滞留时间不宜超过 72 h，防止孳生蚊虫。当景观水体对水质要求不高时，可将蓄水池、清水池与景观水池合并设计；储水池可分为清水区和沉泥区。储水池兼具沉淀功能。底部为沉泥区，沉泥区体积与雨水含沙量、清掏周期有关。当雨水利用系统仅收集优质屋面雨水，室外雨水井设落底时，因进入蓄水池的泥沙量较少，沉泥区体积可按照 3 ~ 6 个月人工清泥一次设计，池底宜设集泥坑，内设排泥装置，防止过量沉淀。进水和出水均不能扰动底泥。进水宜采取淹没式进水，进水口处设降低流速措施，防止对沉积物扰动。储水池上部为清水区，包括景观水容积和有效储水容积，其容量决定了整个构筑物的大小，影响着整个系统的运行和投资。

3）当景观水体对水质要求较高时，可将清水池与景观水池合并设计，除储水池外需增设清水池兼景观水池。储水池内储存绿化、浇洒用水，清水池内储存景观用水。

图 2-58 为蓄水池典型构造示意图，图 2-59 为塑料模块组合蓄水池实例图，图 2-60 为塑料雨水模块。

2.4.4 雨水罐

雨水罐也称雨水桶、水扑满等，为地上或地下封闭式的简易雨水集蓄利用设施，由塑料、玻璃钢或金属等材料制成。适用于单体建筑屋面雨水的收集利用。雨水罐形状、色彩等较为丰富，施工安装方便，便于维护，但其储存容积较小，雨水净化能力有限。图 2-61 为雨水罐。

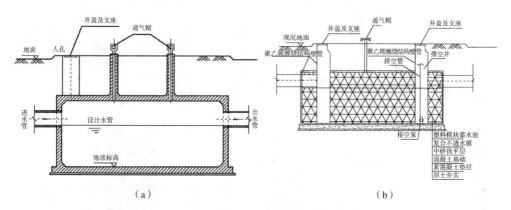

（a）   （b）

图 2-58　蓄水池典型构造示意

（a）钢筋混凝土蓄水池；（b）塑料模块组合蓄水池

图 2-59　塑料模块组合蓄水池实例

图 2-60　塑料雨水模块

图 2-61　雨水罐

2.5　调节技术

调节设施宜布置在汇水面下游，雨水调节系统应包括调节、流量控制和溢流等设施。调节设施主要有雨水调节池、雨水调节塘等。

2.5.1　雨水调节池

雨水调节池布置形式宜采用溢流堰式和底部流槽式，雨水调节池基本要求：

①宜采用重力流自然排空，必要时可用水泵强排。排空时间不应超过 12h，且出水管管径不应超过市政管道排水能力；②应设外排雨水溢流口，溢流雨水应采用重力流排出；③应设检查口并便于沉积物的清除。图 2-62 为雨水调节池实例图。

图 2-62　雨水调节池实例

2.5.2　雨水调节塘

雨水调节塘也称干塘，以削减峰值流量功能为主，一般由进水口、调节区、出口设施、护坡及堤岸构成，也可通过合理设计使其具有渗透功能，起到一定的补充地下水和净化雨水的作用，雨水调节塘还具有一定的净化雨水和削减峰值流量的作用。雨水调节塘适用于建筑与小区、城市绿地等具有一定空间条件的区域。

雨水调节塘基本要求：①进水口应设置碎石、消能坎等消能设施，防止水流冲刷和侵蚀；②应设置前置塘对径流雨水进行预处理；③调节区深度一般为 0.6 ~ 3m，塘中可以种植水生植物以减小流速、增强雨水净化效果。塘底设计成可渗透时，塘底部渗透面距离季节性最高地下水位或岩石层不应小于 1m，距离建筑物基础水平距离不应小于 3m；④雨水调节塘出水设施一般设计成多级出水口形式，以控制雨水调节塘水位，增加雨水水力停留时间（一般不大于 24h），控制外排流量；⑤雨水调节塘应设置护栏、警示牌等安全防护与警示措施。

图 2-63 为雨水调节塘平面示意图，图 2-64 为雨水调节塘典型构造示意图，图 2-65 为雨水调节塘实例图。

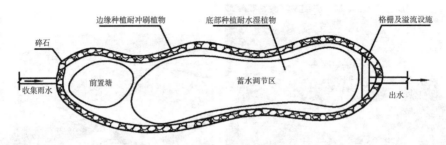

图 2-63　雨水调节塘平面示意

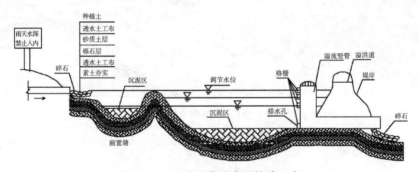

图 2-64　雨水调节塘典型构造示意

图 2-65　雨水调节塘实例

2.6 转输技术

转输技术主要包含：转输型植草沟、干式植草沟、湿式植草沟、雨水渗管、雨水渗沟、雨水渗渠等。

2.6.1 渗透型植草沟与转输型植草沟

植草沟的断面形式宜采用倒抛物线形、三角形或梯形。植草沟的边坡坡度（垂直∶水平）不宜大于 1∶3，纵坡不应大于 4%；纵坡较大时宜设置为阶梯型植草沟或在中途设置消能设施；植草沟内水流最大流速应小于 0.8m/s，曼宁系数宜为 0.2～0.3；植草沟结构层由上至下宜为 20cm 种植土、30cm 砌块砖和 10cm 砾石。按植草沟功能分为渗透型、转输型。渗透型植草沟主要功能用于雨水的下渗，转输型植草沟主要功能用于雨水的转输，转输型植草沟内植被高度宜控制在 100～200mm。图 2-66 为功能型植草沟断面示意图，图 2-67 为功能型植草沟实例图。

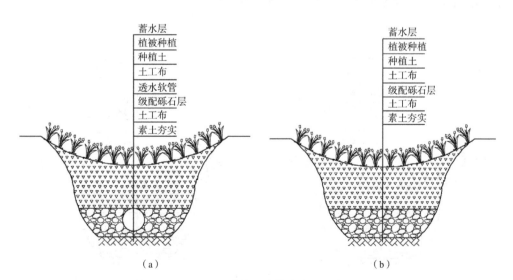

图 2-66　功能型植草沟断面示意

（a）渗透型植草沟；（b）转输型植草沟

111

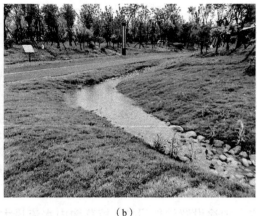

（a）　　　　　　　　　　　　　　　　（b）

图 2-67　功能型植草沟实例

（a）渗透型植草沟；（b）转输型植草沟

2.6.2　干式植草沟与湿式植草沟

按植草沟保水状况分为干式植草沟、湿式植草沟。图 2-68 为干式与湿式植草沟构造示意图，图 2-69 为干式与湿式植草沟实例图。

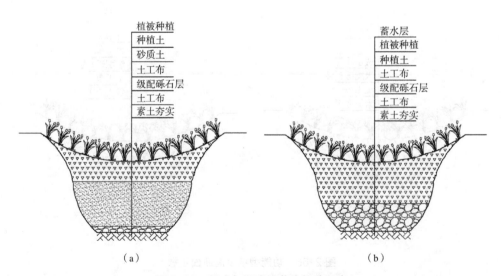

（a）　　　　　　　　　　　　　　　　（b）

图 2-68　干式与湿式植草沟构造示意

（a）干式植草沟；（b）湿式植草沟

（a）

（b）

图 2-69　干式与湿式植草沟实例

（a）干式植草沟；（b）湿式植草沟

2.6.3　雨水渗管、雨水渗沟、雨水渗渠

雨水渗管（沟、渠）指具有渗透功能的雨水管（渠），可采用穿孔塑料管、无砂混凝土管（沟、渠）和砾（碎）石等材料组合而成。

雨水渗管（沟、渠）适用于建筑与小区及公共绿地内转输流量较小的区域，不适用于地下水位较高、径流污染严重及易出现结构塌陷等不宜进行雨水渗透的区域（如雨水管渠位于机动车道下等）。

雨水渗管（沟、渠）基本要求：①雨水渗管（沟、渠）应设置植草沟、沉淀（砂）池等预处理设施；②雨水渗管（沟、渠）开孔率应控制在 1% ~ 3% 之间，无砂混凝土管的孔隙率应大于 20%；③雨水渗管（沟、渠）的敷设坡度应满足排水的要求；④雨水渗管（沟、渠）四周应填充砾石或其他多孔材料，砾石层外包透水土工布，土工布搭接宽度不应少于 200mm；⑤雨水渗管（沟、渠）设在行车路面下时覆土

113

深度不应小于 700mm。

图 2-70 为雨水渗管、雨水渗沟、雨水渗渠构造示意图，图 2-71 为雨水渗管和雨水渗沟外形图，图 2-72 为雨水渗管布置示意图，图 2-73 为雨水渗管（沟）实例图，图 2-74 为雨水渗渠模型与实例图。

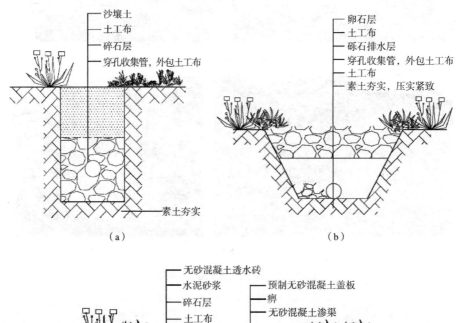

（a）

（b）

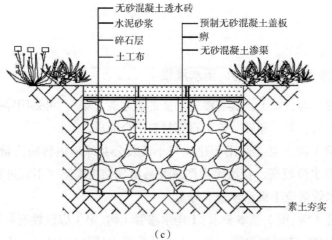

（c）

图 2-70　雨水渗管、雨水渗沟、雨水渗渠构造示意

（a）雨水渗管；（b）雨水渗沟；（c）雨水渗渠

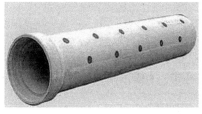

（a）　　　　　　　　　　　　　　　　　　　（b）

图 2-71　雨水渗管和雨水渗沟外形

（a）雨水渗管；（b）雨水渗沟

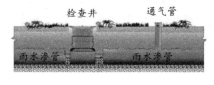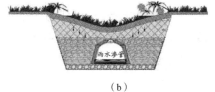

（a）　　　　　　　　　　　　　　　　　　　（b）

图 2-72　雨水渗管布置示意

（a）纵断面；（b）横断面

图 2-73　雨水渗管（沟）实例

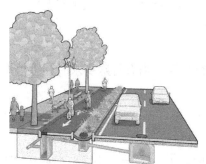

图 2-74　雨水渗渠模型与实例

2.7 截污净化技术

截污净化技术由植被缓冲带、初期雨水弃流设施、人工土壤渗滤等构成。

2.7.1 植被缓冲带

植被缓冲带为坡度较缓的植被区，经植被拦截及土壤下渗作用减缓地表径流流速，并去除径流中的部分污染物，植被缓冲带坡度一般为 2% ~ 6%，宽度不宜小于 2m。植被缓冲带适用于道路等不透水面周边，可作为生物滞留设施等低影响开发设施的预处理设施，也可作为城市水系的滨水绿化带，但坡度较大（大于 6%）时，植被缓冲带雨水净化效果相对较差。图 2-75 为植被缓冲带构造示意图，图 2-76 为植被缓冲带实例图。

2.7.2 初期雨水弃流设施

1）概述

初期雨水弃流设施是低影响开发设施的重要预处理设施，适用于屋面雨水的雨落管、径流雨水的集中入口等低影响开发设施的前端。初期雨水弃流是通过一定方法或装置将存在初期冲刷效应、污染物浓度较高的降雨初期径流予以弃除，以降低雨水的后续处理难度。弃流雨水应进行处理，如排入市政污水管网（或雨污合流管网）由污水处理厂进行集中处理等。常见的初期弃流方法包括容积法弃流、小管弃流（水流切换法）等，弃流形式包括自控弃流、渗透弃流、弃流池、雨落管弃流等。

图 2-77 为初期雨水弃流设施原理示意图，图 2-78 为初期雨水弃流设施典型构造示意图，图 2-79 为初期雨水弃流设施实例图。

2）初期雨水弃流量计算

初期雨水弃流量计算宜按式（2-7）进行计算。当有特殊要求时，可根据实测雨水径流中污染物浓度确定。

$$W_c = 10 \times \delta \times F \tag{2-7}$$

式中　W_c——初期弃流量，m^3；

　　　δ——初期径流厚度，mm，一般屋面取 1 ~ 3mm、小区路面取 2 ~ 5mm、市政路面取 7 ~ 15mm。

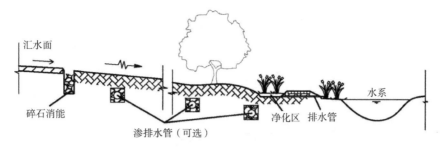

图 2-75 植被缓冲带构造示意

图 2-76 植被缓冲带实例

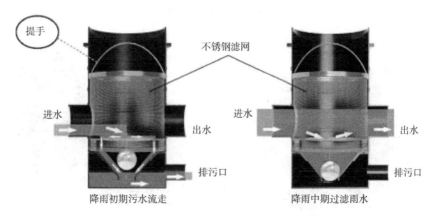

图 2-77 初期雨水弃流设施原理示意

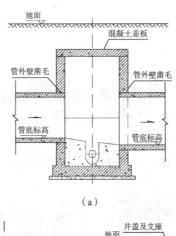

（a）

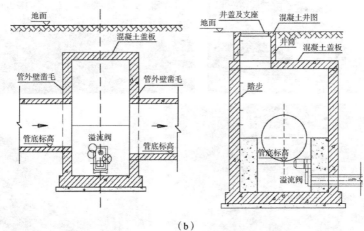

（b）

图 2-78　初期雨水弃流设施典型构造示意

（a）溢流槽式；（b）溢流阀式

图 2-79　初期雨水弃流设施实例

2.7.3 人工土壤渗滤

雨水人工土壤渗滤主要作为蓄水池等雨水储存设施的配套雨水设施，其实质是一种生物过滤。其核心是通过土壤-植被-微生物生态系统净化功能来完成物理、化学、物理化学以及生物等净化过程。雨水人工土壤渗滤的作用机理包括土壤颗粒的过滤作用、表面吸附作用、离子交换、植物根系和土壤中生物对污染物的吸收分解等。

雨水人工土壤渗滤适用于有一定场地空间的建筑与小区及城市绿地。雨水人工土壤渗滤分为垂直渗滤和水平渗滤。

雨水人工土壤渗滤设施应注意：①应及时补种修剪植物、清除杂草；②土壤渗滤能力不足时，应及时更换配水层；③配水管出现堵塞时，应及时疏通或更换等。

1）人工土壤垂直渗滤

土壤垂直渗滤净化效果好，主要用于雨水集蓄回用、雨水回灌地下，也可作为雨水塘的水质保障措施或其他净化技术的预处理措施。图 2-80 为人工土壤垂直渗滤构造示意图，图 2-81 为人工土壤垂直渗滤与蓄水池合建系统构造示意图，图 2-82 为人工土壤垂直渗滤实例图。

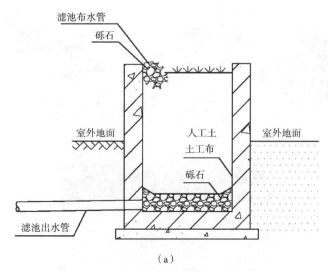

（a）

图 2-80 人工土壤垂直渗滤构造示意（一）

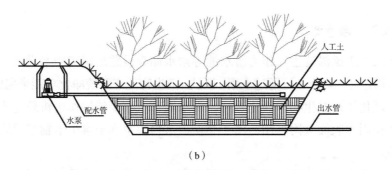

（b）

图 2-80　人工土壤垂直渗滤构造示意（二）

（a）半地上式人工土壤垂直渗滤；（b）下沉式土壤垂直渗滤

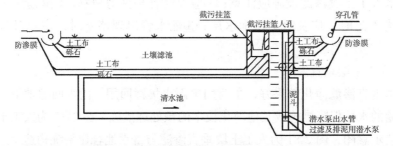

图 2-81　人工土壤垂直渗滤与蓄水池合建系统构造示意

图 2-82　人工土壤垂直渗滤实例

2）人工土壤水平渗滤

雨水人工土壤水平渗滤主要有植被浅沟、植被缓冲带、高花坛等技术。图 2-83 为高花坛雨水人工土壤水平渗滤图。

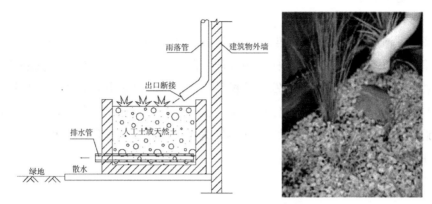

图 2-83　高花坛雨水人工土壤水平渗滤

2.8　水系生态修复技术

水系海绵城市建设应遵循功能安全、生态优先、统筹兼顾、因地制宜、综合治理的原则，重点突出对径流污染的治理、水域水质和生态功能的提升。常用水域生态修复技术见表 2-15。

常用水域生态修复技术   表 2-15

类别	技术名称
生态护岸技术	全自然护岸
	半自然护岸
	多功能护岸
径流污染处理技术	前置库技术
	物理过滤技术
	化学过滤技术
	生物过滤技术
	人工湿地技术
生态修复技术	生态浮床（岛）
	沉水植物
	底泥原位生物修复技术

2.8.1 生态护岸技术

生态护岸类型多样，应用较为广泛，主要的生态护岸有全自然护岸、半自然护岸和多功能护岸。

1）全自然护岸

采用种植植被保护河岸、保持自然堤岸特性的护岸。采用乔灌混交，发挥乔木与灌木的自身生长特性，充分利用高低错落的空间和光照条件，以达到最佳郁闭效果。同时利用植物舒展而发达的根系稳固堤岸，增强其抵抗洪水、保护河堤的能力。其优点是纯天然，无任何污染，投资较省，且施工方便。缺点是抵抗洪水的能力较差，抗冲刷能力不足。图 2-84 为全自然护岸典型断面示意图，图 2-85 为全自然护岸实例。

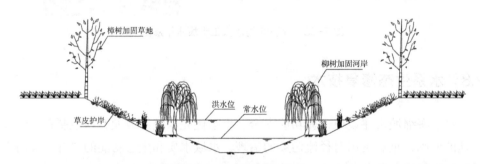

图 2-84　全自然护岸典型断面示意

图 2-85　全自然护岸实例

2）半自然护岸

一般利用工程措施，采用植物与自然材料相结合（石材、木材），在坡面构建

122

一个利于植物生长的防护系统。由于使用了部分自然材料起到了加固作用，大幅度提高了岸坡的稳定性和抗侵蚀能力。一般施工完成即可起到护岸作用，当植物生长后，通过根系加筋纠结作用，能有效抑制暴雨径流的冲刷作用。图 2-86 为半自然护岸典型断面示意图，图 2-87 为半自然护岸实例图。

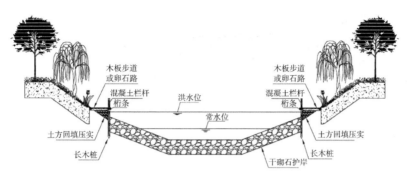

图 2-86　半自然护岸典型断面示意

图 2-87　半自然护岸实例

3）多功能护岸

以绿色植物为主，灰色设施为辅的生态护岸，集防洪效应、生态效应和自净效应于一体的生态护岸，非常适合河湖的护岸工程。它是采用植物和植被混凝土等生态结构，在岸边构建一个既具有防洪自净功能又具有景观生态效应的护岸结构。由于植被混凝土结构加固了护岸的抗冲击能力，所以岸坡的稳定性和抗侵蚀能力大幅度提高，是一种前景广阔的生态护岸。图 2-88 为多功能护岸典型断面示意图，图 2-89 为多功能护岸实例图。

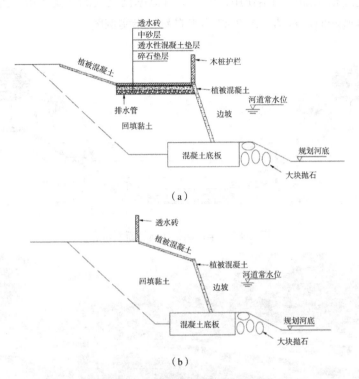

（a）

（b）

图 2-88　多功能护岸典型断面示意

（a）典型断面 A；（b）典型断面 B

图 2-89　多功能护岸实例

2.8.2 径流污染处理技术

径流污染是水系主要外源污染，相对点源污染来说，量大且分散，不宜控制；城市雨水径流来源主要是屋面径流和路面径流，影响径流水质主要因素有屋面材料、道路类型及路面污染情况、气温、降雨强度、降雨量和降雨间隔时间等，不同地方径流污染程度相差很大。为了削减河湖水系污染物负荷，需要对径流进行适当处理，削减部分污染物再排入水系。

1）前置库技术

前置库是利用水库存在的从上游到下游的水质浓度变化梯度特点，根据水库形态，将水库分为一个或者若干个子库与主库相连，通过延长水力停留时间，促进水中泥沙及营养盐的沉降，同时利用子库中大型水生植物、藻类等进一步吸收、吸附、拦截营养盐，从而降低进入下一级子库或者主库水中的营养盐含量，抑制主库中藻类过渡繁殖，减缓富营养化进程，改善水质。图 2-90 为前置库示意图，图 2-91 为典型前置库构造示意图，图 2-92 为截污沟堤构造示意图。

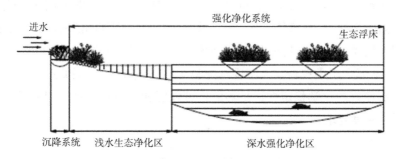

图 2-90　前置库示意

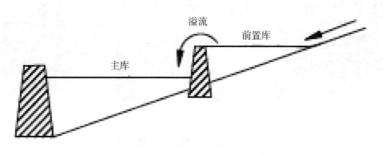

图 2-91　典型前置库构造示意

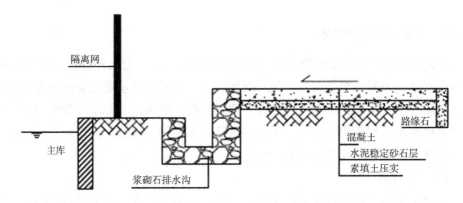

图 2-92　截污沟堤构造示意

2）物理过滤技术

物理过滤按照滤料的组合方式主要分为均质滤料、双层滤料、三层滤料等。常用的物理过滤滤料有无烟煤、石英砂、磁铁砂等，但应注意不同产地的出产滤料相对密度略有差异。图 2-93 为常用物理过滤滤料外形图。

均质滤料中一般采用均粒石英砂；双层滤料中，上部一般采用无烟煤（颗粒形状以多面体为佳），下部采用石英砂，水流通过由粗到细的滤料层；三层滤料中，上部采用大粒径、小密度的滤料（如无烟煤），中部采用中粒径、中密度的滤料（如石英砂），下部采用小粒径、大密度的滤料（如磁铁砂），三层滤料要求所用的材料必须具有良好的化学稳定性，足够的机械强度和为避免三种不同粒径的滤料混杂所必需的密度要求。

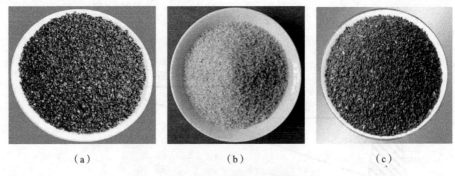

（a）　　　　　　　　（b）　　　　　　　　（c）

图 2-93　常用的物理过滤滤料外形

（a）无烟煤；（b）石英砂；（c）磁铁砂

3）化学过滤技术

常用的化学过滤滤料有锁磷剂、沸石、净水厂污泥、锰铁酸盐等。

（1）锁磷剂

锁磷剂主要成分为改性黏土、镧和聚合氯化铝（质量比为 19：1：2）。锁磷剂去除水体中磷的基本原理：①投放入水体中后，锁磷剂中的镧会与水体中的可溶性磷酸盐迅速结合形成不溶性的磷酸镧，进而磷酸镧被锁入黏土中；②锁磷剂投放入

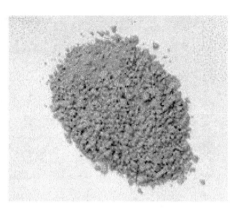

图 2-94 锁磷剂外形

水体中后，最终沉入水底，在底泥上部形成稳定的覆盖层，有效地阻止底泥中的磷向水体中的释放。图 2-94 为锁磷剂外形图。

在水体富营养化指标中，磷是最易于控制的关键营养元素，锁磷剂即是通过稳定去除水体中的磷，从而达到降低水体富营养化程度的目的。锁磷剂可以通过岸边施用、空中施用和船上施用三种使用方式。岸边施用是将锁磷剂粉末与河（湖）水混合，然后用有压水管喷施；船上施用也是将锁磷剂粉末与河（湖）水混合，然后用有压管或喷雾施用。图 2-95 为锁磷剂岸边与船上施用实例，图 2-96 为锁磷剂施用前后对比图。

（a）　　　　　　　　　　　　　　　　（b）

图 2-95 锁磷剂岸边与船上施用实例

（a）岸边施用；（b）船上施用

（a） （b）

图 2-96 锁磷剂施用前后对比

（a）施用前；（b）施用后

（2）天然斜发沸石

天然斜发沸石是铝硅酸盐类矿物，外观呈白色或砖红色，属弱酸性阳离子交换剂，经人工导入活性组分，使其具有新的离子交换或吸附能力，吸附容量也相应增大。天然斜发沸石对水中氨氮有较好的祛除效果，最大吸附量每克沸石可吸附 13.5mg 氨氮。图 2-97 为天然斜发沸石滤料外形图。

图 2-97 天然斜发沸石滤料外形

（3）净水厂污泥

净水厂污泥经离心脱水后煅烧（400℃、4h）制备成粒径 1 ～ 2mm 的污泥颗粒，对水体中磷有较好的吸附效果，污泥颗粒初始浓度 8mg/L 可达到 2.95mg/g 的磷吸附量。图 2-98 为净水厂污泥外形图。

图 2-98　净水厂污泥外形

（4）锰铁酸盐

锰铁酸盐是一类非氯型氧化剂，锰铁酸盐能迅速有效地去除污水和污泥中的污染物。锰铁酸盐在水处理过程中可以同时发挥氧化、絮凝、杀菌除藻、共沉淀等多功能的协同作用，是一种高效的绿色水处理剂。

①氧化作用：锰铁酸盐具有很强的氧化能力且选择性极高，锰铁酸盐的氧化作用可以分为直接氧化和间接氧化。直接氧化作用是锰铁酸盐直接与还原性物质发生氧化还原反应；间接氧化作用是锰铁酸盐也能像臭氧一样产生羟基自由基，从而引发链式反应。羟基自由基具有很强的氧化能力，可以迅速地氧化污水和污泥中的污染物。

②絮凝作用：锰铁酸盐发生氧化反应后的产物有 Fe^{3+} 或者 $Fe(OH)_3$，产物具有很好的絮凝助凝作用，这样能进一步去除污水和污泥中的污染物。同时，相对于氯型氧化剂，Fe^{3+} 或者 $Fe(OH)_3$ 不会对环境带来二次污染，锰铁酸盐是一类绿色的水处理剂。

③杀菌除藻作用：目前普遍采用的消毒净水剂几乎都是氯源的，但游离氯对水中生物的呼吸作用会产生影响，可能产生有机氯代物，生成氯代消毒副产物。锰铁酸盐与原子态氯有相同的杀菌除藻效果，而且不会对水体带来二次污染，产物中不存在消毒副产物，是一种理想的杀菌除藻净水剂。

④除污染除臭作用：锰铁酸盐能够有效地去除水体中的污染物，尤其对某些含难降解污染物的水体具有特殊的净化作用。锰铁酸盐不仅适用于地表水、地下水，而且适用于生活污水、工业废水、微污染水体等多种水体的净化和修复。

4）生物过滤技术

生物过滤技术常用两类滤料：生物型滤料和植物型滤料两类。根据径流主要污染物类型及污染复合选择生物型滤料或植物型滤料。

（1）生物型滤料

生物型滤料一般与物理型滤料，或与物理型滤料及化学型滤料联合使用，设计成多层过滤模式。常见生物型滤料有两类：①以传统生物挂膜方式制备而成，如陶粒和净水厂污泥；②以高效微生物菌剂挂膜方式制备而成，如沸石。

以沸石为例，其净化作用机理是：主要依靠生物、化学和物理协同作用削减氮负荷，沸石的物理吸附和化学离子交换快速吸附氨氮；高效营菌的生物硝化反应将吸附的氨氮转化为硝氮，实现沸石原位生物再生，同时，其生物反硝化反应将硝氮转化为氮气。主要依靠物理吸附和化学沉淀反应固定磷。

（2）植物型滤料

植物型滤料是植物和物理型、化学型、生物型滤料联合使用，将植物种植在滤料中。植物削减污染物的作用是通过植物自身生长需要吸收氮磷等营养盐、植物根系附着微生物作用削减污染物和植物吸附、过滤物理作用削减污染物等。

常作为植物型滤料的植物有：芦苇、水芹、水雍菜、灯芯草、石菖蒲、香蒲、凤眼莲、香根草、多花黑麦草等。图 2-99 为植物型滤料中的部分植物外形图。

（a）　　　　　　　　（b）　　　　　　　　（c）

（d）　　　　　　　　（e）　　　　　　　　（f）

图 2-99　植物型滤料中的部分植物外形（一）

（g） （h） （i）

图 2-99 植物型滤料中的部分植物外形（二）

（a）芦苇；（b）水芹；（c）水雍菜；（d）灯芯草；（e）石菖蒲；（f）香蒲；（g）凤眼莲；（h）香根草；（i）多花黑麦草

5）人工湿地技术

（1）概述

人工湿地技术是用人工筑成水池或沟槽，底面铺设防渗漏隔水层，充填一定深度的基质层（土壤、人工介质），种植水生植物，利用基质、植物、微生物的物理、化学、生物三重协同作用使污水得到净化。人工湿地作用机理包括吸附、滞留、过滤、氧化还原、沉淀、微生物分解、转化、植物遮蔽、残留物积累、蒸腾水分和养分吸收及各类动物共同作用。

（2）分类

主要分为表面流人工湿地、水平流人工湿地、垂直流人工湿地三类。

①表面流人工湿地是指污水在基质层表面以上，从池体进水端水平流向出水端的人工湿地。表面流人工湿地的水力负荷较低，对水体的净化处理效果有限。表面流人工湿地的设计应注意：水深一般为0.6 ~ 0.7m,水力停留时间约为7 ~ 10d,水力坡度为 0.5%；应设计地形高差形成定向水流；应选择具备耐污能力的水生湿生植物；颗粒物负荷较高的雨水初期径流应设置前端调节或初期雨水弃流设施。图 2-100 为表面流人工湿地构造示意图，图 2-101 为表面流人工湿地实例图。

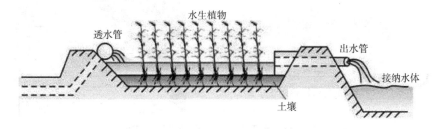

图 2-100 表面流人工湿地构造示意

图 2-101　表面流人工湿地实例

②水平潜流人工湿地是指污水在基质层表面以下，从池体进水端水平流向出水端的人工湿地。水平潜流人工湿地的填料粒径一般在 2.0～6.0m 之间。图 2-102 为水平潜流人工湿地构造示意图，图 2-103 为水平潜流人工湿地模型与实例图。

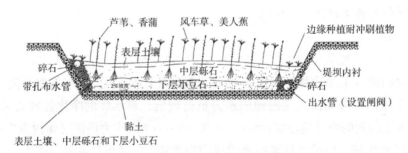

图 2-102　水平潜流人工湿地构造示意

图 2-103　水平潜流人工湿地模型与实例

③垂直潜流人工湿地是指污水垂直通过池体中基质层的人工湿地。其所选择的填料粒径在1.0～2.0cm之间。图2-104为垂直潜流人工湿地构造示意图,图2-105为垂直潜流人工湿地实例图。

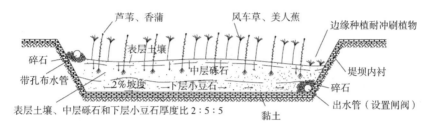

图 2-104　垂直潜流人工湿地构造示意

图 2-105　垂直潜流人工湿地实例

（3）基质层

①在水平潜流人工湿地的进水区,人工湿地填料层的结构设置,应沿着水流方向铺设粒径从大到小的填料,颗粒粒径宜为 1 ～ 6mm,在出水区,应沿着水流方向铺设粒径从小到大的填料,颗粒粒径宜为 8 ～ 16mm。

②人工湿地填料层的结构设置,垂直流人工湿地一般从上到下分为滤料层、过渡层和排水层,滤料层一般由粒径为 0.2 ～ 2mm 之间的粗砂构成,厚度为 500 ～ 800mm 左右;过渡层由 4 ～ 8mm 的砂砾构成,厚度为 100 ～ 300mm 左右;

排水层一般由粒径为 8 ～ 16mm 的砾石构成，厚度为 200 ～ 300mm 左右。

③为了避免布水对滤料层的冲蚀，可在布水系统喷流范围内局部铺设 50mm 的覆盖层，粒径范围为 8 ～ 16mm 的砾石。图 2-106 为人工湿地布水管道布置形式示意图。

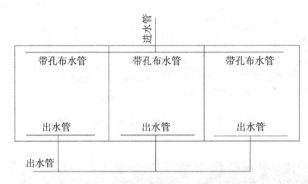

图 2-106　人工湿地布水管道布置形式示意

（4）水生植物

水生植物包括浮游植物、挺水植物和沉水植物等。

①浮游植物系统：水生植物，如凤眼莲、浮萍等漂浮于水面，主要用于强化氧化塘等类似的塘系统。对污染物的去除主要靠植物的吸收、微生物的代谢等。图 2-107 为浮萍外形图。

图 2-107　浮萍外形

②挺水植物系统：以挺水植物如芦苇、莒蒲、灯芯草、香蒲、水葱等种植为主。这类植物根系发达，可通过根系向基质输送氧气，使基质中形成多个好氧、兼性厌氧、厌氧小区，利于多种微生物繁殖，便于污染物的多途径降解。图 2-108 为莒蒲与水葱外形图。

（a）　　　　　　　　　　　　　（b）

图 2-108　莒蒲与水葱外形

（a）莒蒲；（b）水葱

③沉水植物系统：如狐尾藻、金鱼藻等。沉水植物系统还处于试验阶段，其主要应用领域在于初级处理和二级处理后的处理。图 2-109 为狐尾藻与金鱼藻外形图。

（a）　　　　　　　　　　　　　（b）

图 2-109　狐尾藻与金鱼藻外形

（a）狐尾藻；（b）金鱼藻

2.8.3　生态修复技术

1）生态浮床（岛）

（1）概述

生态浮床（岛）以水生植物为主题，运用无土栽培技术原理，通过生态浮床（岛）上的植物根系的截留、吸附、吸收和水生生物的摄食以及微生物的降解作用，达到水质净化的目的，同时又能产生美化景观的效果。生态浮床（岛）可用于水深较深、透明度较低、水生植物种植和存活较困难的水体，对于上游来水水质较差的河道，可优先选用，其设计应注意：①根据不同的水质净化目标、水文水质条件、气候条件、费用，进行生态浮床（岛）的设计，选择合适的类型、结构、材质和植物，同时也应考虑稳定性、耐久性、景观性、经济型及便利性等因素。②植物配置应尽量选用土著物种，优先选用根系发达、净化能力好、生长期长、株型低、便于管理维护的挺水植物。图 2-110 为生态浮床（岛）净化原理示意图，图 2-111 为生态浮床（岛）应用实例。

（2）分类

根据水和植物是否接触，生态浮床（岛）分为湿式与干式。湿式生态浮床（岛）再分为有框和无框两种。因此，在构造上生态浮床（岛）主要分为干式浮床（岛）、有框湿式浮床（岛）和无框湿式浮床（岛）。

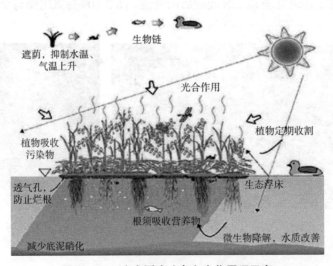

图 2-110　生态浮床（岛）净化原理示意

图 2-111　生态浮床（岛）应用实例

（3）构造

① 整个生态浮床（岛）由多个生态浮床（岛）单体组装而成，生态浮床（岛）的外观有圆形、长方形、三角形等多种形状，可根据水体的地理位置和景观效果进行设计。

② 一般干式生态浮床（岛）的水质净化功能比湿式生态浮床（岛）差。目前，国内有框湿式生态浮床（岛）运用最为广泛，典型湿式有框生态浮床（岛）组成包括 5 个部分：框体、床体、基质、植物、固定等。图 2-112 为典型湿式有框生态浮床（岛）构造示意图。

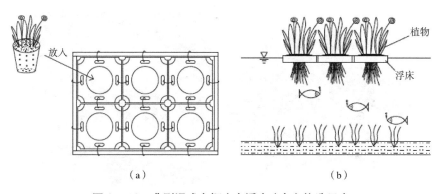

图 2-112　典型湿式有框生态浮床（岛）构造示意

（a）平面；（b）剖面

③ 框体的要求是坚固耐用，抗风浪。床体是植物的支撑物，同时为整个床体提供足够的浮力。基质用于固定植物，并保证植物根系所需的水分、氧气和肥料。植物是净化水体的主体，要种植适合当地水体环境的植物。

④生态浮床（岛）一般要有一个水下固定装置，保证床体不会被风浪吹走，还能防止在水位剧烈变动的情况时，床体之间相互碰撞而散架。常用的水下固定装置有重物式、锚固式和杆式。图 2-113 为生态浮床（岛）常用水下固定装置示意图。

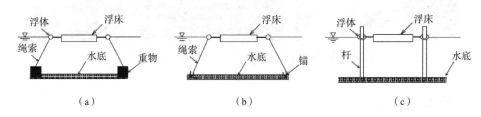

图 2-113　生态浮床（岛）常用水下固定装置示意

（a）重物式；（b）锚固式；（c）杆式

⑤为提高生态浮床（岛）的抗风浪能力，也可将生态浮床（岛）和具有消减波浪作用的设备（如消浪排、消浪栅）组装在一起使用。

⑥在生态浮床（岛）中增加填料、曝气、生物技术可提升生态浮床（岛）对水质净化效果。图 2-114 为带有太阳能曝气装置的生态浮床（岛）模型图。

图 2-114　带有太阳能曝气装置的生态浮床（岛）模型

2）沉水植物

沉水植物由根、根须或叶状体固着在水下基质上，其叶片也在水面下生长的大型植物。由于表皮细胞没有角质或蜡质层，能直接吸收水分和溶于水中的氧和其他营养物质，沉水植物拥有强大的净化能力，是健康水系的重要组成部分。图

2-115 为沉水植物分布与生长情况示意图。

图 2-115　沉水植物分布与生长情况示意

　　沉水植物作为生态系统的重要初级生产者，可以降低湖泊水体营养盐负荷、控制藻类生长、保持水体的清水稳态和较高的生物多样性、沉水植物物种的选择应以当地土著物种为主，物种的选择应保证植物的适应性，并应限制外来物种。否则可能造成难以估测的生态失衡问题和培养难度。物种的选择应保证多样性，单一的物种的沉水植物群落，是很难稳定的生态系统。图 2-116 为某城市内河沉水植物实例。

图 2-116　某城市内河沉水植物实例

3）底泥原位生物修复技术

底泥原位生物修复技术通过生物活性材料覆盖和沉水植物的单独使用或联合使用控制底泥氮磷、重金属和有机物释放，同时可通过生物活性覆盖材料上高效生物菌剂削减表层高有机质的浮泥。所选用的高效微生物菌剂是从水系底泥中分离筛选获得，将高效微生物菌剂固

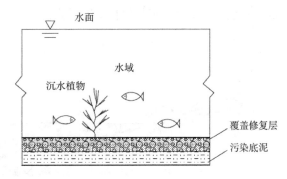

图 2-117　底泥原位生物修复技术构成示意

定在载体上，利用高效微生物菌剂降解水体中有机物和削减表层底泥腐殖质，削减水体氨氮浓度。底泥原位生物修复技术适用于水质受底泥污染的河流、湖泊等水域，图 2-117 为底泥原位生物修复技术构成示意图，图 2-118 为底泥原位生物修复技术改造实例。

图 2-118　底泥原位生物修复技术改造实例

底泥原位生物修复技术应根据不同情况选取合适的覆盖修复层，覆盖修复层可以是一种材料构成的单一覆盖层也可以是多种材料构成的复合覆盖层。生物活性覆盖修复层材料主要有生物沸石、生物活性净水厂污泥颗粒等。

底泥原位生物修复技术常伴随使用沉水植物，沉水植物可以起到长久稳定水系水质、减少水系底泥污染物上浮等作用。

2.9 设施规模计算

2.9.1 计算原则

1）海绵城市建设设施规模应根据控制目标和设施在具体应用中发挥的主要功能，选择容积法、流量法或水量平衡法等方法通过计算确定；同时具有径流总量控制、径流污染控制和径流峰值控制的设施，应运用以上方法根据单一目标分别计算，并选择其中较大的规模作为设计规模；有条件的可利用数学模型模拟的方法确定设施规模。

2）当以年径流总量控制为目标时，地块内建筑与小区、绿地、道路与广场的低影响开发设施的设计调蓄容积之和，即总调蓄容积，不应低于该地块"单位面积控制容积"的控制要求。计算总调蓄容积时，应符合下列规定：

（1）顶部和结构内部有储存空间的渗透设施（如复杂型生物滞留设施、雨水渗管、雨水渗渠等）的渗透量应计入总调蓄容积；

（2）滞留设施和调蓄设施的有效容积应计入总调蓄容积；

（3）透水铺装和绿色屋顶仅参与综合雨量径流系数的计算，其结构内的空隙容积一般不再计入总调蓄容积；

（4）受地形条件、汇水面大小等影响，设施调蓄容积无法发挥径流总量削减作用的设施，以及无法有效收集汇水面径流雨水的设施具有的调蓄容积不计入总调蓄容积。

2.9.2 以储存为主要功能的设施

雨水桶、蓄水池、湿塘、人工湿地等设施以储存为主要功能，其储存容积应通过容积法和水量平衡法进行计算，并通过技术经济分析综合确定。

（1）设施储存容积

设施储存容积可按式（2-8）计算，通过水量平衡法计算设施每月雨水补水量、外排水量、水量差、水位变化等相关参数，通过经济分析确定设施设计调蓄容积的合理性并进行调整。

$$V_c = 10h\Psi_{zc}F \tag{2-8}$$

式中　V_c——设计调蓄容积，m^3。

（2）蓄水池等雨水储存设施的有效储水容积

蓄水池等雨水储存设施的有效储水容积可按式（2-9）计算。

$$V_y= \sum \Psi_{ci}F_i(h-\delta) \qquad (2\text{-}9)$$

式中　V_y——有效储水容积，m^3。

2.9.3　以渗透为主要功能的设施

1）顶部有储存空间的渗透设施的计算

（1）有效入渗面积 A_s

有效入渗面积 A_s 可按式（2-10）计算。

$$A_s= \frac{W_s}{\alpha_s KSt_s} \qquad (2\text{-}10)$$

式中　A_s——有效渗透面积，m^2；

　　　W_s——渗透设施渗透量，m^3；

　　　α_s——安全系数，一般取 0.5～0.6；

　　　K——土壤渗透系数，m/s；

　　　S——水力坡降，一般可取 1.0；

　　　t_s——渗透时间，s，当用于调蓄时应 ≤ 12h，渗透池（塘）、渗透井可取
　　　　　　　≤ 72h，其他 ≤ 24h。

（2）顶部储存容积 V_d

顶部储存容积应能储存渗透设施在降雨历时内的最大蓄积雨水量，可按式
（2-11）计算。

$$V_d=max(W_j-3600\alpha_s KSA_st) \qquad (2\text{-}11)$$

式中　V_d——渗透设施顶部储存容积，m^3；

　　　W_j——渗透设施进水量，m^3。

（3）渗透设施进水量 W_j

渗透设施进水量不宜大于日雨水设计径流总量，可按式（2-12）计算。

$$W_j=\left[60 \times \frac{q_c}{1000} \times (F_y\Psi_{zm}+F_0)\right]t \qquad (2\text{-}12)$$

式中　q_s——渗透设施降雨历时对应的暴雨强度，$L/(s\cdot hm^2)$；

　　　F_y——渗透设施受纳的集水面积，hm^2；

　　　F_0——渗透设施的直接受水面积，hm^2。

（4）渗透设施储存容积 V_s

渗透设施储存容积 V_s 可按式（2-13）计算。

$$V_s \geq \frac{W_p}{n_k} \tag{2-13}$$

式中　V_s——渗透设施储存容积，m^3；

n_k——填料的孔隙率，不小于 30%，无填料时取 1.0。

2）顶部无蓄水空间的渗透设施雨量径流系数计算

（1）绿色屋顶

绿色屋顶雨量径流系数可按式（2-14）、式（2-15）计算。

$$\Psi_{CG} = \frac{h_G - W_G}{h_G} \tag{2-14}$$

$$W_G = \mu n_G d_G \tag{2-15}$$

式中　Ψ_{CG}——绿色屋顶的雨量径流系数；

h_G——雨量径流系数计算条件下的设计降雨量，mm；

W_G——单位面积绿色屋顶种植土持水量，mm；

μ——效率系数，受根系影响损失的控制率，取 0.5；

n_G——种植土孔隙率，%；

d_G——种植土厚度，mm。

（2）渗透铺装及其周边服务范围

渗透铺装及其周边服务范围雨量径流系数，可按式（2-16）、式（2-17）计算。

$$\Psi_{cp} = \frac{H - (W_p + \beta f_m t)}{H'} \tag{2-16}$$

$$W_p = n_p d_p \tag{2-17}$$

式中　Ψ_{cp}——渗透铺装及其周边服务范围雨量径流系数；

W_p——单位面积透水铺装透水结构层持水量，mm；

f_m——透水铺装基层的稳定入渗率，mm/h；

n_p——透水结构层孔隙率，%；

d_p——透水结构层厚度，mm；

β——安全系数。

2.9.4　以调蓄为主要功能的设施

1）合流制排水系统

用于合流制排水系统的径流污染控制时，雨水调蓄池的有效容积，可按式（2-18）计算。

$$V_h=3600t_j(n_1-n_0)Q_h\alpha_h \tag{2-18}$$

式中　V_h——调蓄池有效容积，m^3；

　　　t_j——调蓄池进水时间，h；

　　　n_1——调蓄池建成运行后的截留倍数；

　　　n_0——系统原截留倍数；

　　　Q_h——截留井以前的旱流污水量，m^3/s；

　　　α_h——安全系数。

2）分流制排水系统

用于分流制排水系统径流污染控制时，雨水调蓄池的有效容积，可按式（2-19）计算。

$$V_f=10h_t\Psi_{zc}F\alpha_f \tag{2-19}$$

式中　h_t——调蓄量，mm，按照设计降雨量计，可取 4 ~ 8mm；

　　　α_f——安全系数。

3）削减管道洪峰

用于削减排水管道洪峰流量时，雨水调蓄池的有效容积，可按式（2-20）计算。

$$V_x=[-(\frac{0.65}{n^{1.2}}+\frac{b}{t}\cdot\frac{0.5}{n+0.2}+1.10)\lg(\alpha_t+0.3)+\frac{0.215}{n^{0.15}}]\cdot Q_s\cdot t \tag{2-20}$$

式中　V_x——调蓄池有效容积，m^3；

　　　α_t——脱过系数，取值为调蓄池下游排水管道设计流量和上游排水管道设计流量之比；

　　　Q_s——调蓄池上游设计流量，m^3/min；

　　　b、n——暴雨强度公式参数。

4）雨水调蓄池排空时间

雨水调蓄池排空时间可按式（2-21）计算。

$$t_p=\frac{V_x}{3600Q_x\eta} \tag{2-21}$$

式中　t_p——排空时间，h；

　　　Q_x——下游排水管道或设施的受纳能力，m^3/s；

　　　η——排放效率，一般可取 0.3 ~ 0.9。

2.9.5　以调节为主要功能的设施

调节塘、调节池等调节设施，以及以径流峰值调节为目标进行设计的蓄水池、湿塘、雨水湿地等设施的容积应根据雨水管渠系统设计标准、下游雨水管道负荷（设计过流流量）及入流、出流流量过程线，经技术经济分析合理确定，调节设施容积可按式（2-22）计算。

$$V_t = \mathrm{Max}\left[\int_0^T (Q_1 - Q_c)\,dt\right] \qquad\qquad （2\text{-}22）$$

式中　V_t——调节设施容积，m^3；

　　　Q_1——调节设施的入流流量，m^3/s；

　　　Q_c——调节设施的出流流量，m^3/s。

3 海绵城市建设案例分析

3.1 建筑与小区

3.1.1 概述

建筑屋面和小区路面径流雨水应通过有组织的汇流与转输，经截污等预处理后引入绿地内的以雨水渗透、储存、调节等为主要功能的低影响开发设施。经处理后的雨水一部分可下渗或排入雨水管，另一部分可进入蓄水池和景观水体，经过滤消毒后用于绿化浇灌、冲厕回用、道路浇洒等。

建筑与小区低影响开发设施的选择应遵循因地制宜、经济有效、方便易行的原则。建筑屋面与小区场地可通过绿色屋顶、雨水花园、下凹绿地、透水铺装等低影响开发设施，并结合城市雨水管渠系统将雨水引入城市绿地与广场内的低影响开发设施，最终将雨水汇入雨水罐、景观水体、雨水湿地等调蓄设施，来实现低影响开发雨水系统、雨水管渠蓄排系统、超标雨水控制系统与雨水综合利用的有效衔接。图 3-1 为建筑与小区海绵城市建设系构建示意图。

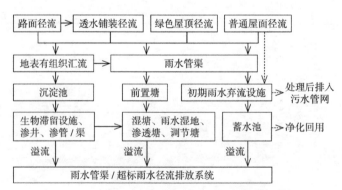

图 3-1 建筑与小区海绵城市建设系统构建示意

建筑与小区低影响开发设施构建主要包括：小区场地、绿色建筑、小区道路、小区绿化等。

146

1）小区场地：①应充分结合现状地形地貌进行场地设计与建筑布局，保护并合理利用场地内原有的湿地、坑塘、沟渠等。并根据场地竖向关系，将地块划分为若干个汇水分区，每个分区内分别对建筑屋面、小区道路、小区绿地等进行水量平衡计算，进而采取相应措施分别消解每个汇水分区内的雨水；②应优化不透水硬化面与绿地空间布局，建筑、广场、道路周边宜布置可消纳径流雨水的绿地。建筑、道路、绿地等竖向设计应有利于径流汇入低影响开发设施。

2）绿色建筑：①有条件的建筑屋顶应采用绿色屋顶；②宜采取雨落管断接或设置集水井等方式将屋面雨水断接并引入周边绿地内小型、分散的低影响开发设施，或通过植草沟、雨水管渠将雨水引入场地内的集中调蓄设施；③建筑材料也是径流雨水水质的重要影响因素，应优先选择对径流雨水水质没有影响或影响较小的建筑屋面及外装饰材料；④水资源紧缺地区可考虑优先将屋面雨水进行集蓄回用，净化工艺应根据回用水水质要求和径流雨水水质确定。雨水储存设施可结合现场情况选用雨水罐、地上或地下蓄水池等设施；⑤应限制地下空间的过度开发，为雨水回补地下水提供渗透路径。

3）小区道路：①小区道路横断面设计应优化道路横坡坡向、路面与道路绿化带及周边绿地的竖向关系等，便于径流雨水汇入绿地内低影响开发设施；②路面排水宜采用生态排水的方式。路面雨水首先汇入道路绿化带及周边绿地内的低影响开发设施，并通过设施内的溢流排放系统与其他低影响开发设施或城市雨水管渠系统、超标雨水径流排放系统相衔接；③路面宜采用透水铺装，透水铺装路面设计应满足路基路面强度和稳定性等要求。

4）小区绿化：①绿地在满足改善生态环境、美化公共空间、为居民提供游憩场地等基本功能的前提下，应结合绿地规模与竖向设计，在绿地内设计可消纳屋面、路面、广场及停车场径流雨水的低影响开发设施，并通过溢流排放系统与城市雨水管渠系统和超标雨水径流排放系统有效衔接；②道路径流雨水进入绿地内的低影响开发设施前，应利用沉淀池、前置塘等对进入绿地内的径流雨水进行预处理，防止径流雨水对绿地环境造成破坏；③低影响开发设施内植物宜根据水分条件、径流雨水水质等进行选择，宜选择耐盐、耐淹、耐污等能力较强的乡土植物。

3.1.2 某地中学海绵城市建设项目

1）基础条件与分析

（1）校园占地约 15.3hm^2，具有较大的绿化面积和场地，可以利用的场地较大；

（2）现状校园整体地形由南至北较低，但高差较小，只有 0.3 ~ 0.6m，场地较为平整，比较有条件调整场地竖向标高，改变原有排水组织，图 3-2 为现状地形图；

（3）现状土壤为粉质黏土，渗透系数较小；

（4）校园地下水位 -1.20m。以上两点说明不宜设置深层入渗设施，以绿化滞留为主，且滞留深度不宜太深；

（5）市政管网配套较完善；

（6）校园两侧河道环绕。

2）项目标控制目标（三年实施计划内）

（1）年径流控制率为 78%，降雨控制厚度 30.0mm；

（2）年 SS 控制率 60%；

（3）雨水回用率不小于 15%。

3）排水组织

图 3-3 为排水组织示意图。

（1）汇水区一：通过 DN300 管道排至北侧河道；

（2）汇水区二：通过 DN500 管道排至东侧市政道路；

（3）汇水区三：无排水组织；

（4）汇水区四：同时汇集南侧市政道路雨水，通过 DN400 管道排至西侧河道。

 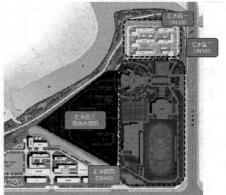

图 3-2　现状地形示意　　　　　　图 3-3　排水组织示意

4）各示范区

图 3-4 为海绵城市建设示范区示意图。

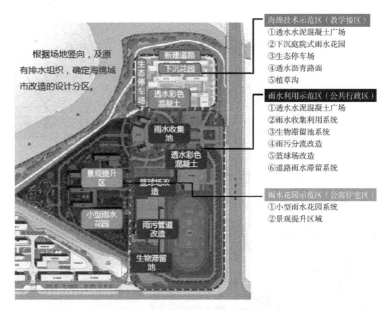

图 3-4 海绵城市建设示范区示意

（1）海绵城市技术示范区（教学楼区）

①教学楼区总汇水面积：$2.40 \times 10^4 m^2$，径流控制总量：$329m^3$。

②水系统总体设施思路：硬化面积与绿化面积分块较为清晰，充分利用绿化滞留、蓄存功能，在保留景观效果同时，局部降低绿化标高，将屋顶及硬化广场径流汇入。

③主要技术措施：a.下沉庭院式雨水花园；b.透水水泥混凝土广场；c.生态停车场；d.透水沥青路面；e.植草沟等。

图 3-5 为海绵城市技术示范区（教学楼区）示意图，图 3-6 为海绵城市技术示范区（教学楼区）效果设计图，图 3-7 为下沉庭院式雨水花园，图 3-8 为透水沥青路面与植草沟，图 3-9 为生态停车场，图 3-10 为透水水泥混凝土广场。

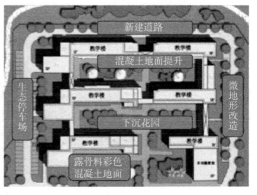

图 3-5 海绵城市技术示范区（教学楼区）示意

149

图 3-6　海绵城市技术示范区（教学楼区）效果设计

图 3-7　下沉庭院式雨水花园　　　　　图 3-8 透水沥青路面与植草沟

图 3-9　生态停车场

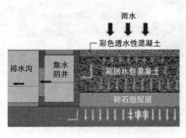

图 3-10　透水水泥混凝土广场

（2）雨水利用示范区（公共行政区）

图 3-11 为雨水利用示范区（公共行政区）示意图。

①公共行政区总汇水面积：$8.20 \times 10^4 m^2$，径流控制总量：$1476 m^3$。

②主要技术措施：a. 增加透水地面面积；b. 建筑屋面雨水断接进入绿地系统；c. 道路雨水截流进入绿化带；d. 雨水收集利用系统；e. 集中式生物滞留与雨水花园。

图 3-12 为屋面雨水断接措施图，图 3-13 为道路雨水截流进入绿化带图，图 3-14 为雨水收集利用方式与蓄水池，图 3-15 为透水篮球场，图 3-16 为集中式生物滞留与雨水花园图。

（3）雨水花园示范区（公寓住宅区）

①公寓住宅区总汇水面积：$4.1 \times 10^4 m^2$，径流控制总量：$394 m^3$。

图 3-11 雨水利用示范区
（公共行政区）示意

图 3-12 屋面雨水断接措施

图 3-13 道路雨水截流进入绿化带

图 3-14 雨水收集利用方式与蓄水池

图 3-15 透水篮球场

图 3-16　集中式生物滞留与雨水花园

②主要技术措施：局部采用下沉式绿地。

图 3-17 为雨水花园示范区（公寓住宅区）示意图，图 3-18 为局部下沉式绿地图。

图 3-17　雨水花园示范区（公寓住宅区）示意

图 3-18　局部下沉式绿地

5）各示范区主要技术参数汇总

表 3-1 为各示范区主要技术参数汇总表。

各示范区主要技术参数汇总 表 3-1

项目名称	汇水面积（10^4m^2）	综合雨量径流系数	径流控制总量（m^3）	透水混凝土面积（m^2）	下沉式绿地面积（m^2）	生物滞留池储存水量（m^3）	雨水调蓄设施（m^3）	总调蓄容积（m^3）
海绵城市技术示范区（教学楼区）	2.4	0.57	329	900	2000	156	0	356
雨水利用示范区（公共行政区）	8.2	0.60	1476	7100	2200	768	350	1508.4
雨水花园示范区（公寓住宅区）	4.1	0.32	394	0	3500	60	0	410

6）监测系统设置

（1）雨量计安装在学校监控室（保安室），并设置中央控制中心，观察各个排口的实际情况；

（2）在三个重点市政排出口管道上，安装流量监测装置，并进行人工取样检测水质；

（3）渗透铺装产流监测，通过对溢流口流量监测计量；

（4）雨水收集池设置水位计，回用管设置流量计，累计全年回用水量，并设置连续降雨排空机制。

3.1.3 某海绵型小区建设项目

某小区位于 A 市西北部，含休闲广场、网球场、公共绿地、庭院以及住宅等在内的综合性小区。现结合该案例，对海绵城市相关理念在小区设计与建设中的主要应用路径进行分析。

1）小区雨水花园

该小区降雨历时以 120.0min 为平均值，按照 2 年重现期进行雨水花园系统设计。设计降雨强度标准为 0.23mm/min。将雨水花园设计于小区 5 号楼前方，邻近建筑物基础 3.0m 以及道路 2.0m 以外区域。对本建筑物屋面雨水进行集中收集，测量数据显示该建筑物雨水汇流面积为 750.0m²。故雨水花园系统初步建设方案为圆形，建设半径参数为 4.5m，且外围扩展 2.0m，并设置适当倾斜角角度，花园外围种植植物以达到护坡效果。考虑到 A 市所处地区地质条件以湿陷性黄土地基为主，渗透性良好，故渗透系数按照 1.2mm/min 计算。同时，设计过程中，建筑物雨水汇流区面积/雨水花园面积计算汇流面积 = 11.98。在此基础之上，可按式（3-1）

153

计算该雨水花园系统的设计深度。

$$H=(S_A+1)\times q-K \qquad\qquad (3\text{-}1)$$

其中，H 为该雨水花园系统设计深度；S_A 为雨水汇流面积比；q 为设计降雨强度；K 为渗透系数。经计算，该雨水花园系统设计深度应为 22.0 cm。根据此参数，对雨水花园的设计方案进行总结：沿本小区 5 号住宅建筑设计雨水花园，设计深度为 22.0 cm，倾斜坡度为 45°，底部平整，外围以苗木护坡，花园入口铺设鹅卵石，以避免雨水径流对花园土层产生冲刷影响。图 3-19 为小区雨水花园。

2）小区透水水泥混凝土路面

小区海绵城市建设中针对人行道以及非机动车道进行透水铺装处理。前期调查显示，本小区所处地区地基基础以湿陷性黄土为主，因此在透水铺装前必须消除不良地基基础对结构层的影响。人行道以及非机动车道基层厚度建议为 150.0 mm，面层为透水混凝土，基层厚度按照 10.0cm 标准设计。按照上述参数对小区透水铺装的设计方案进行总结：对人行道、非机动车道进行透水铺装，铺装前用级配砂砾＋级配碎石＋级配砾石进行基层土质处理，要求压实达到 98% 以上标准，以确保渗透效果理想且基层孔隙率应达到 20% 标准。图 3-20 为小区透水水泥混凝土路面。

图 3-19　小区雨水花园　　　　图 3-20　小区透水水泥混凝土路面

3）小区下沉式绿地

下沉式绿地的建设能够减少小区内雨水检查井的修建数量，同时可增加绿地面积，在确保安全的同时提供良好生态环境。本小区规划设计下沉式绿地面积共 1.78hm²。在下沉式绿地的设计中，设计的关键是确定临界下凹深度，下沉式绿地同时可蓄渗高于所服务雨水收集面积的雨水。因此，在小区中建设下沉式绿地能够有效促进雨水径流的收集，并对削减径流峰值也有重要意义。图 3-21 为小区下沉式绿地。

图 3-21　小区下沉式绿地

3.2　道路与广场

3.2.1　概述

　　道路与广场径流雨水应通过有组织的汇流与转输，经截污等预处理后引入城市绿地内，并通过设置在绿地内的以雨水渗透、储存、调节等为主要功能的低影响开发设施进行处理。优先设计下沉式绿地、生物滞留带、雨水湿地等低影响开发设施，使径流雨水通过绿化滞留、净化和传输，下渗及溢流的雨水会同地表径流通过雨水管道排入水系，从而减轻水系污染，改善道路与广场周边环境。图 3-22 为道路与广场海绵城市建设流程示意图。

　　低影响开发设施的选择应遵循因地制宜、经济有效、方便易行的原则，道路设计时，应结合道路绿化带和道路红线外绿地优先设计下沉式绿地、生物滞留带、雨水湿地等；广场设计时，有景观水体的广场宜设计雨水湿地等。

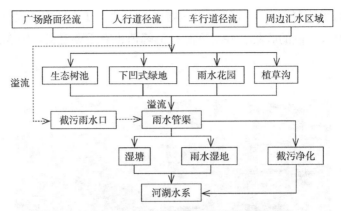

图 3-22 道路与广场海绵城市建设流程示意

　　道路与广场在海绵城市建设过程中的基本要求。

　　1）道路

　　（1）应满足道路基本功能要求的前提下，达到海绵城市建设控制目标要求；

　　（2）道路包含：人行道、非机动车道和机动车道三部分。人行道宜采用透水铺装；非机动车道和机动车道可采用透水沥青路面或透水水泥混凝土路面；图 3-23 为人行道海绵市建设典型实例图；

　　（3）道路横断面设计应优化道路横坡坡向、路面与道路绿化带及周边绿地的竖向关系等，便于径流雨水汇入低影响开发设施；

　　（4）路面排水宜采用生态排水的方式，也可利用道路及周边公共用地的地下空间设计调蓄设施。路面雨水宜首先汇入道路红线内绿化带，当红线内绿地空间不足时，可考虑将道路雨水引入道路红线外城市绿地内的低影响开发设施进行消纳；当红线内绿地空间充足时，可利用红线内低影响开发设施消纳红线外空间的径流雨水。低影响开发设施应通过溢流排放系统与城市雨水管渠系统相衔接，保证上、下游排水系统的顺畅；

　　（5）城市道路绿化带内低影响开发设施应采取必要的防渗措施，防止径流雨水下渗对道路路面及路基的强度和稳定性造成破坏；

　　（6）低影响开发设施内植物宜根据水分条件、径流雨水水质等进行选择，宜选择耐盐、耐淹、耐污等能力较强的乡土植物；

　　（7）道路绿化带包括人行道绿化带、侧分带绿化带、中分带绿化带。可以根据道路类型、坡向以及各类绿化带宽窄等情况，选择设置下沉式绿地、微地形处理、生物滞留设施等低影响开发设施；

（8）道路（桥梁）经过或穿越水源保护区时，雨水应急处理及储存设施的设置，应具有截污与防止事故情况下泄露的有毒有害化学物质进入水源保护地的功能；

（9）规划作为超标雨水径流行泄通道的城市道路，其断面及竖向设计应满足相应的设计要求，并应注意与区域整体内涝防治系统相衔接。

图 3-23　人行道海绵城市建设典型实例

2）广场

图 3-24 为城市广场海绵城市建设典型实例。

（1）应满足广场自身功能要求的前提下，达到海绵城市建设控制目标要求；

（2）广场宜利用透水铺装、生物滞留设施、植草沟等小型、分散式低影响设施消纳自身径流雨水；

（3）周边区域径流雨水进入城市绿地等低影响开发设施前，应对径流雨水进行预处理，防止径流雨水对绿地环境造成的不良影响。

图 3-24　城市广场海绵城市建设典型实例

3.2.2 某城市 QS 道路海绵城市建设改造项目

1）基础条件与分析

QS 路全长 4.3km,道路两侧有公园、住宅和沿街商业。设计范围涵盖两侧建筑、两侧的市政开放空间。道路自身汇水面积约 6.4hm²,综合汇入道路表面及道路管网设计汇水面为 8.2hm²,设计汇水面为道路自身的 1.3 倍。

（1）优势:周边具有大面积的集中绿地及天然水塘、湖泊,具有较好的生态本地。客水流入面积仅有齐山公园部分区域,通过自然生态技术可有限达到海绵城市控制要求。图 3-25 为周边环境条件示意图,图 3-26 为道路汇水面积示意图。

（2）劣势:绿化多为微高绿地,增加改造难度。土壤为酸性黏土,渗透系数约为 8×10^{-7} m/s,调蓄深度不宜超过 150mm,否则影响植物生长。

图 3-25　周边环境条件示意

图 3-26　道路汇水面积示意

2）控制目标

QS 路整体年径流总量控制率 83%（37.1mm）,道路初期雨水径流污染按 15mm 控制,其他利用自然水体、水塘承载。

3）道路径流组织

图 3-27 为道路径流组织示意图。

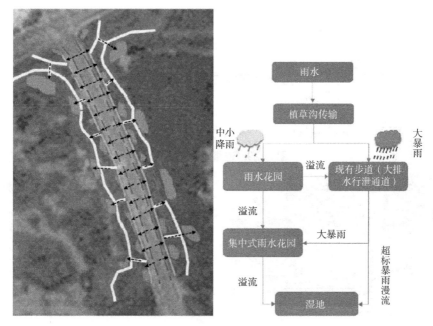

图 3-27　道路径流组织示意

4）改造断面形式

图 3-28 为道路断面 A 示意图，图 3-29 为道路断面 B 示意图，图 3-30 为护坡雨水花园，图 3-31 为集中雨水花园，图 3-32 为道路断面 C 示意图，图 3-33 为道路断面 D 示意图，图 3-34 为植草沟，图 3-35 为卵石沟＋前置塘。

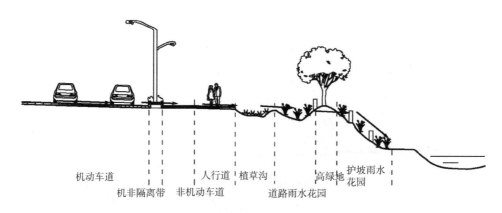

图 3-28　道路断面 A 示意

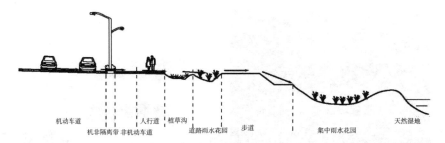

机动车道　机非隔离带　非机动车道　人行道　植草沟　道路雨水花园　步道　集中雨水花园　天然湿地

图 3-29　道路断面 B 示意

图 3-30　护坡雨水花园

图 3-31　集中雨水花园

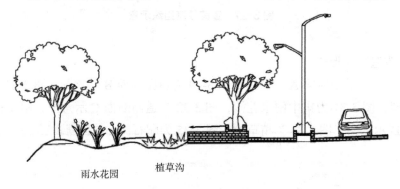

雨水花园　　植草沟

图 3-32　道路断面 C 示意

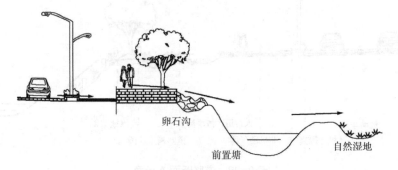

卵石沟

前置塘　　　自然湿地

图 3-33　道路断面 D 示意

图 3-34　植草沟

图 3-35　卵石沟 + 前置塘

3.3　公园与绿地

3.3.1　概述

公园与绿地及周边区域径流雨水应通过有组织的汇流与转输，经截污等预处理后引入绿地内的以雨水渗透、储存、调节等为主要功能的低影响开发设施，消纳自身及周边区域径流雨水，并衔接区域内的雨水管渠系统和超标雨水径流排放系统，提高区域内涝防治能力。径流雨水经绿地的滞留、净化、传输，再进入水系，避免径流雨水通过雨水干管直接进入水体，造成水体污染及水资源浪费。

低影响开发设施的选择应因地制宜、经济有效、方便易行，如湿地公园和有景观水体的绿地宜设计雨水湿地、湿塘等。图 3-36 为公园与绿地海绵城市建设流程示意图。

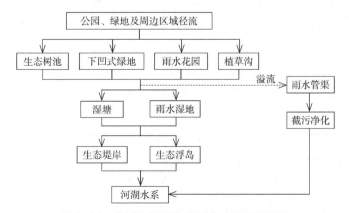

图 3-36　公园与绿地海绵城市建设流程示意

绿地包括公园绿地、生产绿地、防护绿地、附属绿地、其他绿地五大类。

1）公园绿地

（1）一般要求

①公园绿地宜首先利用生物滞留设施、植草沟等小型、分散式的技术设施消纳自身径流雨水，同时利用景观水体、多功能调蓄等大型雨水调蓄设施统筹兼顾自身及周边区域径流雨水的控制。

②对于沙坑、垃圾填埋场等不适宜进行开发的场地，宜设计为具有雨水调蓄与净化等功能的公园，作为周边地块超标径流雨水的调蓄场所。

③已建城区中的湿地公园、有景观水体的公园宜改造为具有雨水调蓄与净化等功能的多功能公园，其他公园绿地宜根据地势、空间布局等具体条件进行合理改造，与城市雨水管渠系统、超标径流排放系统良好地衔接，恢复其自然调蓄功能。

④有景观水体的公园绿地应优先考虑利用雨水径流作为景观补水和绿化用水，并应进行水量平衡计算，合理确定景观水体的规模。

⑤公园绿地内景观水体的补水水源，应通过植草沟、生物滞留措施等对径流雨水进行预处理，或采用雨水净化措施和初期雨水弃流设施。

⑥紧邻车行道的绿地必须设有初期雨水弃流设施。

（2）滨水公园绿地

①有条件的滨水绿地内，应设计雨水塘、雨水湿地等设施调蓄、净化径流雨水，并与城市雨水管渠的排放口、穿越水系的道路的过路管渠相衔接。滨水空间局促的区域可设置截污格栅、旋流沉砂、雨水调蓄池等设施控制径流污染；

②滨水绿地接纳道路等不透水路面的径流时，应设计为植被缓冲带，以削减雨水径流流速和污染负荷；

③滨水绿地雨水控制利用系统设计的植物配置应按照场地竖向情况、全年水位变化范围及潮间带等条件，选择合适的湿生、水生的乡土植物。

（3）带状公园

有条件的带状公园，宜作为超标径流雨水的行泄通道，并与上、下游超标径流雨水排放系统及河道良好地衔接，并宜作为径流雨水的调蓄场所。

（4）居住区公园、小区游园、儿童公园、动物园

可根据现状设置下沉式绿地、雨水花园、植草沟等海绵设施，不宜设置深度较深的海绵设施。

（5）植物园

宜根据园区布置、引种驯化要求、植物习性等，合理选用海绵设施，原则上只在公共展示区域做海绵设施。

（6）历史名园、风景名胜园和游乐公园

不宜在核心区域设置具有渗透功能的海绵设施。

（7）街旁绿地，带状公园

可通过下沉式绿地、雨水花园等形式收纳周边人行道雨水。

2）生产绿地

（1）生产绿地主要技术措施包括：下沉式绿地、雨水渗井（管、沟）、水体、植草沟等；

（2）生产绿地内宜设具有一定雨水调蓄功能的水体，实现雨水调蓄、回用等功能；

（3）每块圃地四周应设置植草沟及单独雨水渗井，加快圃地的雨水收集和渗透，并通过渗管与绿地内水体有效衔接；

（4）下沉式绿地内应设置溢流口（如雨水口），保证暴雨时径流的溢流排放。

3）防护绿地

（1）防护绿地是指城市中具有卫生、隔离和安全防护功能的绿地，包括卫生隔离带、道路防护绿地。包括卫生隔离带、道路防护绿地、城市高压走廊绿带、防风林、城市组团隔离带等。

（2）主要技术措施包括：透水铺装、下沉式绿地、生物滞留设施、雨水渗井（管、沟、渠）、水系、雨水蓄水池、植草沟、植被缓冲带等。

（3）一般要求：

①防护绿地宜结合空间条件和区域排水防涝目标需求，设置各种雨水调蓄设施，合理处理其与周边城市用地和道路的高程关系，以便于消纳城市用地和相邻区域的雨水径流。

②防护绿地内的雨水控制利用设施规模除了满足消纳自身雨水径流外，还应根据空间条件承担相邻区域的雨水径流，其规模的确定应基于相邻区域用地下垫层的性质、面积等条件确定，宜结合城市防护绿地的带状分布特征，将其作为超标径流雨水的行泄通道，并与上、下游超标雨水径流排放系统及河道合理衔接。

③当山体、坡地等落差较大的绿地时，宜采用阶梯绿地、微地形等方式，增

强对雨水径流的调蓄能力，有效防止水土流失、泥石流、坍塌等地质灾害的发生。宜在山脚处设置截洪沟，结合地形起伏设置雨水拦蓄设施，护坡和水土保持措施，防止雨水径流大面积的汇集下泄，并宜在立体绿化周围设置缓冲地带。

（4）卫生隔离带、城市高压走廊绿带、城市组团隔离带：

可根据空间条件设置大型的雨水调蓄、下渗等设施，并利用地形设置雨水传输设施，最大限度的消纳自身及相邻区域雨水径流。此类绿地应谨慎设置生物滞留设施。

4）附属绿地

主要技术措施包括：透水铺装、下沉式绿地、雨水渗井（管、沟、渠）、生物滞留设施、水体、植草沟、植被缓冲带等。

3.3.2　STS山地开放公园海绵城市建设项目

1）项目概况与雨水汇流趋势分析

STS山地开放公园，占地面积 $1.48 \times 10^5 m^2$。山体覆盖率达90%，具有非常好的雨水涵养本底。公园在建设时，结合地已设置集中储存设施，如景观水体、砾石空间、亲水池等。

图3-37为STS山地开放公园示意图。

雨水从山顶流下，主要分为两片汇水面积：右侧部分为向四面汇水；左侧部分为西侧汇入公园内，其余部分由围墙阻隔，渗水通过排水渠排出。图3-38为雨水汇流趋势分析图。

图3-37　STS山地开放公园示意

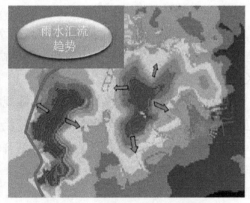

图3-38　雨水汇流趋势分析

2）项目建设指标

三年实施计划内，STS 山地开放公园的年径流控制率为 83%，降雨控制厚度 37.2mm。

3）公园周边汇流趋势分析

北侧待拆小区和小学地势较公园北侧绿化带高；西侧路面汇流至公园东北角。公园周边汇流趋势分析其余三面地势较低。可用于滞留绿地面积约 9000m²，结合湿地系统，景观水体系统，可提供超过 2000m³ 的调蓄水量。相当于按 72% 年径流控制率下 1.5×10^5m² 的建筑小区面积。图 3-39 为公园周边汇流趋势分析图。

4）海绵城市设计思路

（1）主要技术目标

图 3-40 为项目各区块主要技术目标图。

①公园山体自身涵养，结合水土保持、雨水滞留技术，减少山体径流及水土流失；

②结合山体下游自然水体，设置缓冲植被净化系统，净化水体水质；

③山体下游广场、停车场硬化地面区域，通过渗透地面、绿化滞留，收集回用消纳；

④利用公园绿地系统，结合公园竖向标高关系，预留周边道路、小区的滞留空间。

图 3-39 公园周边汇流趋势分析

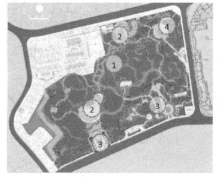

图 3-40 项目各区块主要技术目标

（2）项目设计分区

图 3-41 为项目设计分区图。

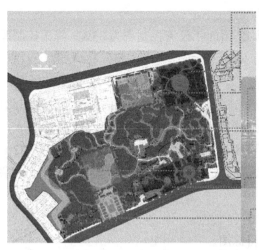

（1）客水滞留区：旱溪、生态湿地

（2）滞留渗透区：组织排水，面积
1200m² 原有滞留碎石区，可滞留雨
水 600m³

（3）水土保持区：截流、种植，面积 110000m²

（4）水质提升区：循环净化，水面面积
3800m² 与生态溪谷，可滞留 800 立方雨水

（5）雨水回用区：组织排水，面积 9600m²，
可收集雨水 200m³

（6）雨水渗滞区：组织排水，面积 5380m²，
设置生物滞留池 150m²，可滞留雨水 150m³

图 3-41　项目设计分区

①客水滞留区

结合雨水汇集概念打造旱溪和生态湿地，通过地形的凹凸形成雨水滞留区域。

a. 旱溪

图 3-42 为旱溪位置示意，图 3-43 为旱溪实景图。

图 3-42　旱溪位置示意

图 3-43　旱溪实景

b. 人工湿地

将此处天然低谷改造成人工湿地，将周边雨水组织汇入，补充景观水，同时提供动力将景观水体提升经湿地处理，形成循环，保持水质。

图 3-44 为人工湿地位置示意图，图 3-45 为人工湿地实景图。

图 3-44　人工湿地位置示意

图 3-45　人工湿地实景

②滞留渗透区

北侧卵石区，打造卵石旱溪与景观提升。图 3-46 为卵石旱溪示意图，图 3-47 为卵石旱溪实景图。

图 3-46　卵石旱溪示意

图 3-47　卵石旱溪实景

③水土保持区（山体区域）

图 3-48 为种植与截流实景图。

④水质提升区

a. 植物生态净化提升区

增加植物品种，如千屈菜、马蔺、美人蕉等。图 3-49 为植物生态净化提升区示意图，图 3-50 为植物生态净化提升区实景图。

b. 景观水体区

结合现状，在局部区域增加景石，使上游水系在设计区域内汇集，形成叠水景观,增补两侧植物(美人蕉)提升绿地景观。图 3-51 为景观水体区示意图,图 3-52 为景观水体区实景图。

图 3-48　种植与截流实景

图 3-49　植物生态净化提升区示意　　　图 3-50　植物生态净化提升区实景

图 3-51　景观水体区示意　　　　　图 3-52　景观水体区实景

⑤雨水回用区

依托厕所旁的广场，收集汇集东南侧入口广场的雨水利用于卫生间冲厕等。

a. 雨水模块蓄水池

图 3-53 为雨水模块蓄水池位置示意图，图 3-54 为雨水模块蓄水池安装实景图。

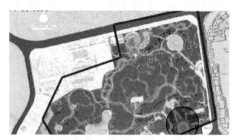 

图 3-53　雨水模块蓄水池位置示意　　图 3-54　雨水模块蓄水池安装实景

b. 停车场生态滞留区

图 3-55 为停车场生态滞留区位置示意图，图 3-56 为停车场生态滞留区断面示意图，图 3-57 为停车场生态滞留区实景图。

 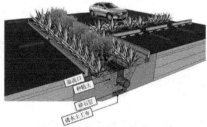

图 3-55　停车场生态滞留区位置示意　图 3-56　停车场生态滞留区断面示意

图 3-57　停车场生态滞留区实景

⑥雨水渗滞区（南侧广场）

a.场地排水

图 3-58 为场地排水位置示意图，图 3-59 为线性成品排水沟。

图 3-58　场地排水位置示意

图 3-59　线性成品排水沟

b.集中生物滞留

图 3-60 为集中生物滞留位置示意图，图 3-61 为集中生物滞留设施图，图 3-62 为集中生物滞留设施构造示意图。

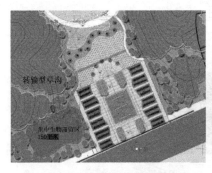

图 3-60　集中生物滞留位置示意

图 3-61　集中生物滞留设施

图 3-62　集中生物滞留设施构造示意

⑦海绵城市科普展示

a. 导向型标识

图 3-63 为导向型标识牌。

图 3-63 导向型标识牌

b. 科普型标识

除了科普型标识牌外，同时结合景观，设置立体展示墙，把地下设施在立面上展示。图 3-64 为科普型标识牌，图 3-65 为储水、收集模块展示立面示意图，图 3-66 为广场结合储水展示剖面示意图。

图 3-64 科普型标识

图 3-65 储水、收集模块展示立面示意

图 3-66　广场结合储水展示剖面示意

⑧监测系统

对于公园项目重点监测：监控外排雨水管道流量，景观湖体水位、水质变化、外部客水接入量，厕所雨水回用水量。图 3-67 为监测系统位置示意图。

图 3-67　监测系统位置示意

3.4　城市水系

3.4.1　概述

城市水系在城市排水、防涝、防洪及改善城市生态环境中发挥着重要作用，是城市水循环过程中的重要环节，湿塘、雨水湿地等低影响开发末端调蓄设施也是城市水系的重要组成部分，同时城市水系也是超标雨水径流排放系统的重要组成部分。城市水系设计应根据其功能定位、水体现状、岸线利用现状及滨水区现状等，进行合理保护、利用和改造，在满足雨洪行泄等功能条件下，实现相关规划提出的低影响开发控制目标及指标要求，并与城市雨水管渠系统和超标雨水径流排放系统有效衔接。图3-68为城市水系低影响开发雨水系统典型流程示意图。

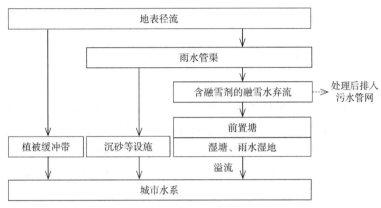

图 3-68 城市水系海绵城市建设典型流程示意

对城市水系海绵城市建设的基本要求：

①应根据城市水系的功能定位、水体水质等级与达标率、保护或改善水质的制约因素与有利条件、水系利用现状及存在问题等因素，合理确定城市水系的保护与改造方案，使其满足相关规划提出的低影响开发控制目标与指标要求。②应保护现状河流、湖泊、湿地、坑塘、沟渠等城市自然水体。③应充分利用城市自然水体设计湿塘、雨水湿地等具有雨水调蓄与净化功能的低影响开发设施，湿塘、雨水湿地的布局和调蓄水位等，应与城市上游雨水管渠系统、超标雨水径流排放系统及下游水系相衔接。④规划建设新的水体或扩大现有水体的水域面积，应与低影响开发雨水系统的控制目标相协调，增加的水域宜具有雨水调蓄功能。⑤应充分利用城市水系滨水绿化控制线范围内的城市公共绿地，在绿地内设计湿塘、雨水湿地等设施调蓄、净化径流雨水，并与城市雨水管渠的水系入口、经过或穿越水系的城市道路的排水口相衔接。⑥滨水绿化控制线范围内的绿化带接纳相邻城市道路等不透水面的径流雨水时，应设计为植被缓冲带，以削减径流流速和污染负荷。⑦有条件的城市水系，其岸线应设计为生态护岸，并根据调蓄水位变化

选择适宜的水生及湿生植物。⑧地表径流雨水进入滨水绿化控制线范围内的低影响开发设施前，应利用沉淀池、前置塘等对进入绿地内的径流雨水进行预处理，防止径流雨水对绿地环境造成破坏。有降雪的城市还应采取措施对含融雪剂的融雪水进行弃流，弃流的融雪水宜经处理（如沉淀等）后排入市政污水管网。⑨低影响开发设施内植物宜根据水分条件、径流雨水水质等进行选择，宜选择耐盐、耐淹、耐污等能力较强的乡土植物。⑩城市水系低影响开发雨水系统的设计应满足城市防洪的相关要求。

3.4.2 新加坡碧山宏茂桥公园加冷河生态改造项目

1）项目背景

作为海岛城市，没有天然的地下蓄水层和广阔的土地。新加坡处于热带地区，年降雨量约 2400mm，但是用来收集和储存雨水的土地特别有限。1970 年，新加坡开始大规模地将天然河流系统转变成混凝土河道和排水渠系统，以便更有效地排放雨水和防止洪涝灾害，也就是在这个时期，加冷河被改为混凝土河道。图 3-69 为加冷河位置示意图。

2006 年开始新加坡推出：活跃，美丽和干净的水计划——"ABC 计划"(Active Beautiful and Clean Waters Programe，ABC)，"ABC 计划"主要目的是：①管理水系可持续雨水的排放和供水功能；②提供美丽、干净的溪流、河流和湖泊等水系；③提供新的休闲娱乐空间，拉近人与水的距离。

图 3-69 加冷河位置示意

2）项目计划目标

（1）成为自然生态河流：将原有运河、排水渠和湖泊改造成明快流动、赏心悦目、清澈的溪流、小河和湖，使加冷河成为软景绿坡的自然河流；

（2）提供亲水场所：为市民提供在清澈的水边嬉戏、玩耍的场所，充分利用水的自然特质，并创造与河流嬉戏玩耍的互动体验感；

（3）与城市建筑的有机融合：连续流畅的蓝色水域和绿色种植带互相交织，与城市建筑融合在一起；

（4）生态多样性：改造后增加生态多样性，建立动植物群落栖息场所；

（5）亲近自然：将人们带到自然野生生态环境中，亲近自然。

3）项目改造设想

（1）项目将 2.7km 长的线条笔直僵硬、冷冰冰的混凝土排水沟改建成长 3.2km 的弯曲、自然式河流，蜿蜒穿过公园，提升河道的景观功能，同时也提高了河道的防洪功能。

（2）项目不仅打造出了动态的生态水循环系统，同时也将其他设施进行了提升和改造，改造后的公园面积 52hm^2 增加为 62hm^2，并增添了许多新的设施，提升了其休闲娱乐的氛围。图 3-70 为加冷河改造设想示意图。

图 3-70 加冷河改造设想示意

4）项目改造前后对比

图 3-71 为加冷河改造前后全景对比图，图 3-72 为加冷河改造前后局部效果对比。

（a）　　　　　　　　　　　　　　　　（b）

图 3-71　加冷河改造前后全景对比

（a）改造前；（b）改造后

（a）　　　　　　　　　　　　　　　　（b）

图 3-72　加冷河改造前后局部效果对比

（a）改造前的混凝土排水渠；（b）改造后的自然河道

5）项目改造后的各项功能展示

（1）自然生态河流

加冷河改造成为自然生态河流，优化了周边区域环境，增强了与社区的联结。

鼓励社区也加入保持水道清洁的工作，通过创建近水的社区空间，鼓励人们爱惜水源，保持水源清洁，使新加坡成为一个充满活力的城市花园。图 3-73 为自然生态河流实景图。

图 3-73　自然生态河流实景

（2）亲水场所

在正常天气下，这些软质河岸可以提供人们放风筝、跑步和交友等娱乐活动的开放空间。图 3-74 为亲水场所实景图。

图 3-74　亲水场所实景（一）

图 3-74　亲水场所实景（二）

（3）与城市建筑融合

连续流畅的蓝色水域和绿色种植带互相交织，水系、公园与城市建筑融合在一起。图 3-75 为与城市建筑融合美景图。

图 3-75　与城市建筑融合美景

（4）生物多样性

天然河流孕育了许多生命，再加上土壤生物工程技术的应用，这有助于确定水流速度较高和土壤较容易被侵蚀的关键位置，易被侵蚀的关键地方配置比较茁壮的植物，相对柔弱的植物则可以配置在比较平缓的区域。11 种不同的技术和 14 种植物，不仅用来巩固河岸，为各种微生物创造了栖息地，而且增加了生物的多样性，生态物种得到有效的恢复，生物多样性增加了30%，提供了动植物群赖以生存的环境，并保证了物种的弹性发展，也确保了物种长期生存的可能性。图3-76为生物多样性实景图。

图 3-76　生物多样性实景

（5）亲近自然

自然生态河道与周边绿茵茵的草地、宁静的池塘、翠绿的树木融为一体，吸引着周围社区的人们来到这里欣赏自然。图3-77为亲近自然实景图。

图 3-77　亲近自然实景（一）

图 3-77　亲近自然实景（二）

（6）休闲娱乐场所

运用从旧混凝土河道上回收利用的木材为公园建造了 3 个游乐场、餐厅和一些新空间。使人们能更进一步接近自然、欣赏自然。图 3-78 为休闲娱乐场所实景图。

图 3-78　休闲娱乐场所实景

（7）科普场所

周末孩子们可以来到这里嬉水游玩，环保志愿者结合周边环境开展科普拓展活动。图3-79为科普场所实景图。

图3-79　科普场所实景

（8）生态护岸

加冷河生态护岸改造是利用土壤生物工程技术（植被、天然材料和土木工程技术的组合）来巩固河岸和防止土壤被侵蚀的工程。土壤生物工程技术是利用土木工程理论与植物和天然材料相结合，如岩石可以控制土壤流失和减缓排水速度，不仅发挥植物美化环境的功用，而且还发挥了植物根系可以加固河岸结构的重要作用。土壤生物工程体系还具有自我发展和适应环境的能力，并能不断地自我修复和成长。图3-80为生态护岸实景图。

（9）人工湿地

设置于公园的上游区域的人工湿地是自然的清洁系统，精心挑选植物，这些植物通过过滤污染物、吸收营养物质来净化水质，人工湿地能够帮助维护池塘内水质的清洁，而无需使用任何化学药剂。水上游乐园设施用水就是由人工湿地净化，经紫外线（UV, ultraviolet）消毒处理后提供的。

人工湿地是由原先的池塘改建，共四个梯形的弧形湿地，由上至下栽种湿地植物，用以过滤雨水，每天净化348m³的河水和8640m³的池水。将过滤后的水输送到水上游乐场，最后流回池塘，池塘的水再净化处理后，重复利用于游乐场，节省了宝贵的饮用水资源。图 3-81 为人工湿地原理示意图，图 3-82 为人工湿地实景图。

图 3-80　生态护岸实景

图 3-81　人工湿地原理示意

图 3-82　人工湿地实景

（10）防洪功能

大暴雨后，靠近河流的公园土地可兼作输送通道，提升了加冷河的防洪功能。图 3-83 为防洪功能实景图。

图 3-83　防洪功能实景

4 海绵城市建设相关技术

4.1 水文模拟

4.1.1 水文模型发展现状

1）水文模型的必要性

海绵城市建设的发展实质是对雨洪进行控制与管理，如何在规划阶段对雨洪控制措施进行分析、预测及评价就必须运用水文模拟软件进行模拟。不仅如此，各国规范对雨洪管理措施进行水文模拟均有相应的规定。以发达国家为例，其中美国规范中明确规定小于 $65hm^2$ 的排水系统可以采用推理法进行设计，而大于 $65hm^2$ 的大型排水系统必须采用计算机系统进行辅助设计。现行的《室外排水设计规范》GB 50014-2006（2014 年版）中也规定当汇水面积超过 $2km^2$ 时，应采用数学模型法计算雨水设计流量。中国台湾在《雨水下水道工程设计》中也规定在都市水文理论分析时，建议先采用推理法公式推估径流量，后再使用水文模拟软件模拟雨水下水道系统实际水流状况，以此作为设计参考及后续改善方案之依据。

海绵城市的设计必然涉及雨水设计，国际上现有的雨水设计模式分为规划模式、设计模式及评价模式。其中前两者主要针对雨水的规划与设计，最后一个主要针对已有雨水管理措施做功能评价及风险评估。规划模式较为著名的有 STORM 模式，设计模式分为三种：第一种水力设计模式为推理法，其运用方法最为简单，也是现行设计的主要方法，比较复杂的有 SWMM 及 ISS 等；第二种为考虑风险度的设计模式，此种模式与前种模式类似，但增加淹水风险；第三种为最低成本优选设计模式如 ILSD，至于评价模式其数量甚多，其中包括 SWMM、ISS、TRRI 等。

由于我国现在运用最广泛的是推理法，因此此处主要叙述推理法存在的不足及运用水文模拟的必要性。推理法公式起源甚早，主要有 EmilKuching 首先提出估算较小汇水面积的径流量，百年来其设计架构均未有大的改变，在国内外均被广泛运用于雨水设计之中。其先天不足之处在于，假设降雨历时与集水时间相同，并且认为其降雨模式为均匀的。此外，该公式无法求得流量历线，无法反映水流的实际状况。而运用水文模拟可以很好地反应非均匀流在管渠中水流的变动，也可以得知水流的能量变化、流量历线、淹涝状况，更加符合实际效果。

因此，在进行海绵城市建设过程中应采用水文模拟软件辅助设计，借此了解水流的实际运动状况，并且能够对海绵城市措施进行合理的评价，给予设计人员合理的建议。

2）国内外研究现状

随着计算机技术的发展，国内外现有的水文模拟软件种类越来越多，各种商业化软件的运用也来越方便。现行的国内外水文模拟软件主要有：美国的 SWMM 模拟软件、英国的 InfoWorks ICM 软件、加拿大的 PCSWMM、丹麦的 MIKE11 及 MIKE21、中国的鸿业暴雨模拟软件、GWLF 及 TaiWap 等。众多软件中，最为大众熟知的为美国环保署（United States Environmental Protection Agency，简称 EPA）的 SWMM 软件。SWMM 软件从 20 世纪 70 年代发展到现在，已经出到了 SWMM5.1 版本，该版本极大改善了用户的操作状况。SWMM 作为一套功能齐全、界面友好、完全免费的软件，成为许多商业软件的核心引擎，也为排水系统的科学研究提供便利。

2001 年，Zaghloul 等对暴雨管理模型参数的敏感性进行了分析研究，并应用了人工神经网络对其进行演算。2002 年，Sands 等使用暴雨管理模型对纽约的 1999 年 8 月发生的大暴雨进行水文水力相关模拟。希腊的 Vassilios A .Tsihrintzis 等用暴雨管理模型模拟了佛罗里达南部地区的降雨径流，并对不同性质的地区（居住区、商业区和道路）降雨时的径流水量和水质进行分析，结果表明暴雨管理模型模拟效果与实测效果比较吻合。2007 年，韩国的 K. U. Kim 等以暴雨管理模型为基础，应用 GIS 技术获取了城市的实际地形资料，进行雨洪系统分析并计算出洪水淹没的位置和范围。Brezonik 等应用暴雨管理模型对美国 Twin Cities metropolitan 地区的降雨径流量进行模拟，并分析了降雨过程中的污染负荷。

在国内，郭磊等人利用 InfoWorks ICS 软件对下凹式立交桥桥区雨水泵站运行进行优化，通过该软件构建的雨水排水系统模型中，设置 3 种不同的水泵运行方案，软件模拟的结果显示低重现期时泵站应提高启泵水位，而在高重现期下泵站宜采用变频的方式进行运行。2009 年赵东泉等人分析了 SWMM 模型在城市雨水排除系统中的作用，通过模拟结果可以看出利用 SWMM 模型对于提高城市排水系统的规划设计和运行管理水平有重要的借鉴意义。

暴雨管理模型的应用将越来越广泛，更多的计算机模型也将应用于排水系统的设计中，并实现多技术的融合和软件的模块化、商业化，应用卫星和雷达遥感技术实时提供降雨情况，利用数据库技术及 GIS 增强模型的输入和输出，通过模块化简化软件，使软件在设计中得以广泛应用。

4.1.2 SWMM 水文模型介绍

1）SWMM 软件简介

SWMM 雨水管理模型是美国环保署最早于 1971 年开发，主要用于降雨径流模拟的计算机程序，可以运用于城市区域径流量和水质的单一事件或连续事件的模拟。SWMM 考虑了城市区域产生径流的各种水文过程包括降雨变化、蒸发、降雪积累及融雪、洼地蓄水及截流损失、土壤下渗过程、地下水及地表水的水文交换过程、地表非线性漫流以及各种低影响开发（LID）措施设置等。模拟海绵城市措施主要运用到 SWMM 软件中的径流模块、水力计算模块及水质计算模块。本书主要介绍径流模块的原理及水力计算原理。

软件模拟雨水降落地面后，进入各排水管道之前的漫流现象。当暴雨发生时，若其强度超过土壤入渗能力时，地表洼地部分开始积水，积水饱和之时便溢流而产生径流。此为径流模块的水理现象，其主要理论如下：

$$D_I = D_t + R_t \cdot \Delta_t \tag{4-1}$$

式中　D_I——降雨后集水区水深，mm；

D_t——在 t 时刻集水区水深，mm；

R_t——在 Δt 时刻平均降雨强度，mm/s；

Δ_t——降雨时间间隔，s。

采用霍顿方程计算入渗损失：

$$I_t = f_0 + (f_i - f_0) e^{-at} \tag{4-2}$$

式中　f_i——初始入渗率，mm/s；

f_0——最终入渗率，mm/s；

α——入渗递减速率，s^{-1}；

I_t——Δ_t 内平均入渗率，mm/s。

产生的径流量运用曼宁公式计算速度及流量。

$$V = \frac{1}{n} \cdot R^{\frac{2}{3}} \cdot S^{\frac{1}{2}} \tag{4-3}$$

$$Q = V \cdot A \tag{4-4}$$

式中　R——水力半径，m；

S——水力坡度；

n——曼宁系数；

A——过流断面面积，m^2。

水力计算模块将由径流模块计算所得流量历线导入雨水管网中，依据水力学非均匀流特性模拟管渠中水流流动情况，主要理论如下：

$$\frac{\partial Q}{\partial t} + \frac{\partial (Q^2/A)}{\partial x} + gA\,\frac{\partial y}{\partial x} + gA(S_f - S_0) = 0 \qquad (4\text{-}5)$$

$$\frac{\partial A}{\partial t} + \frac{\partial Q}{\partial x} = q_1 \qquad (4\text{-}6)$$

式中　Q——流量，m^3/s；

　　　A——过流断面面积，m^2；

　　　S_f——比摩阻；

　　　S_0——管渠坡度；

　　　y——水深，m；

　　　g——重力加速度，m/s^2；

　　　x——流向位置，m；

　　　q_1——单位长度侧流量，$(m^3/s)/m$。

式（4-5）、（4-6）分别为动量方程及连续方程，由于均为偏微分方程式，求解不易故实际运用时多做简化，再以修正欧拉法解得特定时段的流量及水头等，此处不再赘述欧拉法，有兴趣读者可以自行阅读相关水力学资料。

此外，由于 SWMM 软件水力计算模块提供了恒定波、运动波和动态波三种方法，各种方法适用的模拟场景不同，由此带来的结果也不尽相同。其中恒定波演算是从管渠上游节点到下游节点水文过程线的瞬时转换，不存在由于管渠提供的储存容积带来的时间滞后及形状变化。因此，恒定流演算只适用于简单的节点与地表径流组成的排水系统。运动波利用输送系统演算流量，其水力坡度线等于渠道坡度。运动波一般使用于枝状管网，没有回水及检查井溢流情况。动态波是功能最强大的流量演算方法，也是整个水力演算模块的核心部分，因为它解决了输送网络的完整一阶圣维南方程组（de Saint-Venant system of equations）。该演算模块可以解决实际管网中水流运动的回水、溢流及渐变流情况，适用于非均匀、非恒定流情况，也是实际模拟中运用最广泛的计算方法。

2）建模流程简介

SWMM 软件界面简单，使用方便如图 4-1 所示，主要有水文特性块、水力特性块及水质特性块组成。其中水文特性块主要由雨量计、子汇水面积、含水层、积雪、单位过程线及低影响开发（LID）控制措施。水力特性包含节点（节点、排放口、分水器、蓄水单元）、管渠（管渠、泵、孔口、堰、出水口）、横断面及控制线。水质特性块主要由污染物及土地使用组成。建模最基本的步骤包括：汇水区域概化、输送系统概化、雨量计设置、低影响开发（LID）措施设置及模拟报告分析。

　　汇水区域概化直接关系到降雨径流的产生量，因此汇水区域中的参数选取正确与否直接关系到模型准确性，汇水区域的主要参数包括：汇水区域面积、汇水区域宽度、汇水区域坡度、径流系数、透水地面初始积洼深度、不透水地面初始积洼深度、透水地面曼宁系数、不透水地面曼宁系数、透水地面下渗公式参数等。汇水区域面积可以来自地图、现场测量勘查或者利用SWMM软件的自动长度工具计算。软件的汇水宽度定义为汇水面积与地表漫流路径长度的比值，未开发地区地表漫流路径典型参数约为150m，若是已开发地块其地表漫流路径长度为地块中心到管渠的平均距离。汇水区域坡度地面标高数据进行选取，径流系数主要依据地形图进行选取，对于汇水区域内山地、草坪的径流系数取值较低，取值为0.3～0.5之间，对于其他汇水子区域径流系数取值在0.4～0.9之间。透水地表与不透水地表的初始积洼深度及曼宁系数主要参考《SWMM建模手册》提供的参数参考值进行选取，透水地面下渗公式选取霍顿下渗公式，下渗公式中参数值主要参考《SWMM建模手册》。

　　输送系统概化主要在于节点的设计选用及管渠的设计选用，需要确定的主要参数包括节点的径流量、内底标高、最大水深、初始水深、允许的溢流水深及溢流面积，管渠的设计参数包括管渠形状、长度、糙率、进水偏移及出水偏移、初始流量、最大流量、进水损失系数、出水损失系数等。输送系统的参数主要依赖初始管网设计参数。

　　雨量计主要提供汇水面积的降雨量，降雨数据来源主要包括两方面，其中一方面来自实测降雨数据，根据降雨数据绘制降雨过程线，另一方面根据模型自动生成，主要根据芝加哥雨量公式生成计算。降雨数据每个地区都不同，使用者需要根据模型的使用需求确定不同重现期的暴雨强度。低影响开发（LID）措施的设置包括设置植草带、渗滤池等，设计参数可以参考管渠设计，唯一不同在于渗透系数、径流系数、渗透状况及洼地蓄水深度等。最后是对模拟的结果进行分析，分析的选项包括连续性误差、径流结果、节点深度、节点进流量、节点超载、节点洪流、蓄水容积、排放口负荷、管道流量、水流状态及管渠超载。一般连续性误差控制在2%以内可以被接受，分析中重点关注节点超载及管渠超载状况，并通过软件模拟结果对海绵城市措施进行相应调整，直至符合要求。

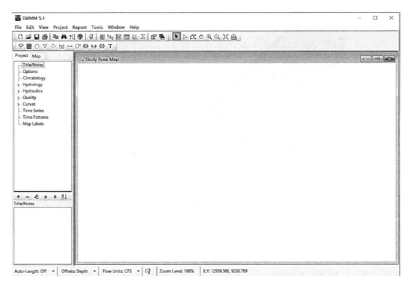

图 4-1　SWMM5.1 主界面

4.1.3　GWLF 水文模型介绍

1）GWLF 软件简介

GWLF（Generalized Watershed Loading Function）模型是由宾夕法尼亚州立大学的 Haith 和 Shoemaker 两位教授共同开发的一个流域负荷模型，主要用于模拟流域内不同土地利用类型（例如耕地、林地、居民区）所产生的地表径流、土壤侵蚀等。GWLF 模型是一个公认的半分布式半经验式流域模型。对于地表的负荷来说，GWLF 模型考虑了多种的土地利用类型所产生的负荷量，但是模型也假定每种土地利用类型在模拟中是一致的。

GWLF 模型是集中的水文演算模型。主要水文部分包括蒸散量、地表径流、渗透、渗滤、地下水排放等。GWLF 模型中对地表径流的模拟采用 SCS 曲线方程（SoilConservationServiceCurveNumberEquation）进行计算，其中 SCS 曲线方程中最重要的 CN（Curvenumber）值参数由土地利用类型与土壤类型的渗透能力同时决定。蒸散量主要考虑不同的作物类型及生长季节，通过温度的 Hamon 方程估计潜在的蒸散量。此外，日降水量和日温均是水文演算所需要的主要气候资料。模型如图 4-2。

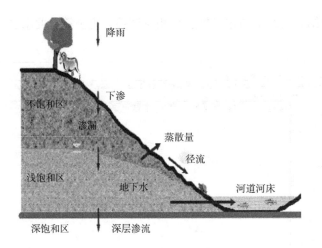

图 4-2　GWLF 水文模型

2）GWLF 建模准备

GWLF 主要是根据过去的气候条件，主要包括日温、日降雨量及渗透等条件，来预测未来的径流入流量。其主要计算程序为 gwlf_new.f90，运行软件需要集水区域面积数据、各个测站的降雨量、测站的温度、测站的面积权重、CN 值及退水系数。

运行 GWLF 时需要准备六个文件，分别是：Input.txt、Initial.txt、H.csv、C.csv、−P.txt、−T.txt。其中 Input.txt 文件需要输入集水面积、名称、权重、CN 值及分区，如图 4-3。

Initial.txt 文件需要输入初始地下出流量、初始未饱和层含水量、根层深度最大含水量、初始饱和层含水量及退水系数，如图 4-4。

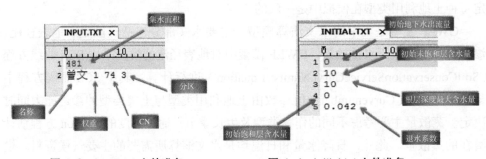

图 4-3　Input.txt 文件准备　　　　图 4-4　Initial.txt 文件准备

H.csv 主要包含计算区域的日平均日照时数，该数据在蒸发散计算中需要用到，C.csv 主要包含计算区域的蒸发散系数，该数据主要与土地利用有关，会随集水区土地利用而改变。而 −P.txt、−T.txt 主要是实测的日降雨量及日温度数据。准备好上述数据后，即可运行主程序，该软件 dos 窗口如图 4-5 所示。

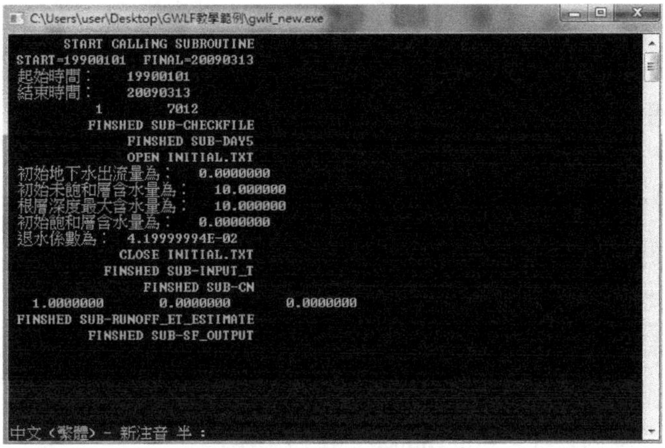

图 4-5　主程序运行

通过 GWLF 计算可以获得最终径流入流量，该如入流量可以用于调蓄设施及水库的计算，以及预测可利用的雨水潜力，不过运用 GWLF 时需要注意的是，该模型适用的范围为大范围，不适用于小区域，并且需要有准确的日降雨量及日温度参数。

4.1.4　软件模拟存在的问题及建议

虽然计算机技术的普及给予设计人员极大方便，但是我国在水文模拟方面严重落后于发达国家，就以 SWMM 软件为例，美国从 1969 年就开始开发至 1971 年，第一代 SWMM 软件就已诞生，发展至今已经发展出 SWMM5.1 版本，而我国从 2000 年以后才真正开始研究如何将水文模拟应用于排水设计。此外，我国设计人员水平参差不齐，导致很多模型设计仅仅停留在规划设计中的概念阶段。众所周知，水文模拟软件最终结果正确与否很大程度上取决于数据及参数的正确性，否则能否将软件模拟结果运用于实际工程值得商榷。国外之所以能够大量运用软件对排水系统进行模拟，是因为国外经历过很长时间的探索，得到适合于国外环境的参数，特别是一些地理信息数据、水文参数等。而我国在这方面刚处于起步阶段，因此要将模拟结果与实验结果进行结合得到适合于各个地区的模型。因此建议海绵城市设计者，若要采用水文模拟软件进行模拟应该谨慎对待各个参数，如有条件应该进行实地测量及实验得到符合本工程的结果，若没有条件进行实验可以参考美国 UDFCD 手册，进行参数选取，切不可根据个人主观意愿选取参数，因为每个参数的不同会导致模拟的实际状况差异巨大。

4.2 雨洪调控

4.2.1 我国雨洪调控措施发展现状

1）雨洪调控意义

我国地处季风气候区，降雨的时间及空间分布不均，夏季雨量多，冬季降雨量少，南方降雨量多于北方。不仅如此，我国东南部洪涝灾害严重，而在西北部却极度缺水。与世界上其他国家降雨相比，我国的年均降雨量不大，如图 4-6 世界银行所调查的降雨量（World Bank，2015）所示。

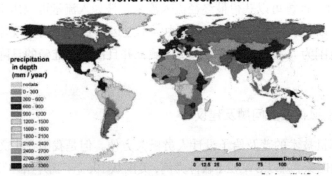

图 4-6　世界年降雨量（资料来源：World Bank，2015）

如何在我国特殊的地理位置做到雨水调控，使其既不发生洪涝，又能使雨水资源化，变得极为重要。据相关资料显示我国的洪涝灾害具有频率高、范围广及损失严重的特点，特别是东南沿海城市，一旦遇到台风季节，必定逢雨必涝，造成重大损失。我国目前城市防涝存在的主要问题如下：①城市防洪标准过低，过分的重视防洪，忽视内涝，只认识到防洪的重要性，没有意识到排涝也同样重要；②在排涝的过程中过于依赖强排措施，一旦遇到内涝问题就提高泵站的标准，治标不治本，没有真正解决城市内涝存在的问题。笔者在调研福州内涝问题的过程中，发现福州城区 2016～2018 年内涝防治重点项目改造中，有 70% 以上的项目是通过提高泵站的标准来提高城市防涝的标准。目前福州内涝改造的费用预算大概在 3.56×10^{10} 元左右，其中用于提高泵站标准的费用至少占到 4 成以上，可以说利用泵站强排不仅不能达到治本的效果，而且费用昂贵。仅仅依靠提高泵站排水标准来改善城市内涝情况的做法，体现了一些设计人员还未从传统的治涝思路改变过来，没有将以"排"为主的思路，转变为"排"、"蓄"结合的思路；③城市防洪排涝应急管理体系不完善，未建立健全相应的补偿机制，当遭遇超重现期标准时，缺乏洪水保险、城市居民紧急疏散、内涝提前预警的措施。目前我国正在如火如荼地进行海绵城市建设，实施海绵城市建设措施最重要的是要对雨水进行调控，不仅需要控制雨水径流总量，还要将雨水"变废为宝"，真正达到雨水的减量化、无害化及资源化的目标。

2）中国大陆雨洪调控的现状

中国大陆地区雨水利用虽然有悠久的历史，但是真正意义上将雨洪调控管理纳入城市防涝管理还要从 20 世纪 80 年代开始，进入新世纪后才逐渐发展起来，2000年水利部编制了《全国雨水集蓄利用"十五"计划及 2010 年发展规划》，2001 年水利部发布《雨水集蓄利用工程技术规范》SL 267—2001，为大陆地区农村雨水利用的发展，积累了丰富的经验。不仅如此，随着 2007 年 4 月 1 日国家标准《建筑与小区雨水利用工程技术规范》GB 50400—2006 的实施，以及 2017 年 7 月 1 日《建筑与小区雨水控制及利用工程技术规范》GB 50400—2016 重新修编实施，为城市雨水利用技术的推广利用提供了技术工程标准，近些年更是有一系列配套技术规范如《城镇内涝防治技术规范》、《城镇雨水调蓄工程技术规范》、《城市排水防涝设施数据采集与维护技术规范》均在报批编制中。从总体上看，我国虽然雨水利用技术起步较晚，但是后续发展步伐快，更有一系列技术规范在不断完善。

特别是在"绿色奥运"、举办上海世博园等大型国际活动中，中国大陆地区不断探索出符合自己实际情况的雨水利用措施，如"水立方"场馆的雨水措施，平均每年可以回用 10500m³，雨水利用率达到了 76%；国家体育场的渗水材料使大部分雨水都能够渗透地下，并且能够将雨水回收后再利用，经处理后的雨水可做中水回用，用于冲厕、灌溉、冲洗道路等；上海世博园的屋面雨水利用系统等多项节能技术，将园区打造成"绿色生态建筑"，提高水资源利用效率。近年来，随着经济技术的发展，更是发展出许多具有中国特色的雨水利用措施，但是与发达国家相比，还有众多需改进之处，不仅仅体现在技术方面，还体现在管理理念及公民意识方面。

4.2.2　世界各国雨洪调蓄措施案例

众所周知，海绵城市设施分为绿色设施与灰色设施，本节雨洪控制设施主要阐述灰色设施，其中包括深层隧道排水、大型调蓄池等。世界各国上均有成功运用雨洪调控的案例，此处主要介绍发达国家的雨洪调控措施及其在我国的运用。

1）美国的深层隧道排水

美国是世界上第一个修建深层隧道用以解决城市雨污和雨洪困境的国家。迄今为止，仍是世界上修建蓄水深层隧道最多的国家。经过40多年的实践，美国在深层隧道修建、运行、维护、管理领域积累了经验教训。美国芝加哥市的深层隧道水库工程（Tunnel and Reservoir Plan，TARP）是世界上第一个在地下岩石层修建的大型蓄水工程。1950～1960年芝加哥市平均每年发生近100次雨污溢流，为解决水污染和内涝问题，芝加哥政府及各界机构、团体共提出23项改进方案，除深层隧道之外，还包括修建屋顶蓄水设施，将街道巷道改建成水道，利用公园绿地空间，修建大型地表蓄水建筑，在密歇根湖内设置临时橡胶蓄水围场等。20世纪70年代末，芝加哥市政府成立了"雨洪控制协调委员会"（FCCC），专门研究比选各种方案。随后2年间，FCCC在8个方面对方案进行了详细评估，即：①工程造价；②运行管理维修费用；③项目效益；④征地面积；⑤所需地下通道面积；⑥需搬迁的住户和商业企业；⑦施工影响；⑧运行影响。经过几轮筛选和修改，FCCC提出将深层隧道和其他3个方案中的精华部分结合，形成TARP方案。经过重新组合设计，TARP方案包括修建深层隧道和露天深坑水库、扩大城市污水处理能力、增建截污管网。FCCC将修改后的TARP方案和其他5个备选方案进行了比较研究，最终结论为：TARP是解决芝加哥城市洪涝和水污染最合适、工程投资最低、环境影响最小的方案。基于FCCC的建议，芝加哥水管局于1972年底正式决定启动TARP工程。TARP工程也引起USEPA的浓厚兴趣。其规模之宏伟，可能开拓21世纪全国污染控制之路。此外，USEPA认为，如果芝加哥地区的水污染能得到有效解决，其控制措施几乎可以复制于其他任何地方，在USEPA的大力支持下，经过3年前期工作，TARP于1975年正式开工。

一期工程包括 4 段深层隧道，开挖于地下 60 ~ 105m 的岩石层，总长 176 km，直径为 3 ~ 10 m；3 个排水泵站；250 多个入流竖井，600 多个浅层连接和管控结构。根据初始工程预算，一期工程应于 1985 年完工，工程造价约为 1.9×10^9 美元（1975 年价格）。二期工程包括 3 个由采沙后留下的地表深坑水库。其主要目的着重解决城市洪涝，但其巨大的储存空间仍可减少城市雨污溢流。

TARP 系统的运行包括降雨期间的入流阶段和无雨期间的排水阶段。入流阶段的运行目标为：①充分利用深层隧道空间；②最大限度蓄存污水；③避免瞬变流和间歇喷涌现象。为减少污水漫溢，雨污分流的污水管网排入深层隧道的水量不受闸门控制；雨污合流管网和地面溢流排入深层隧道的水量由进水口的闸门系统控制。通常，当深层隧道充满度达到 60% 时，进水闸门可能被关小或关闭，限制雨污合流管网和地面溢流的入流量，以保证不受闸门控制的污水能排入深层隧道。深层隧道系统的入流过程是一个复杂的流体动力学过程，有时入流过快，深层隧道中的气体不能及时排除，会产生间歇喷涌现象，大量水体从竖井中喷出，危害附近行人及车辆。为避免间歇喷涌现象发生，在短历时的强降雨来临时，一些进水闸门要保持关闭，以减缓深层隧道入流速度，使深层隧道中空气能及时排出。排水阶段的运行目标为：①最大限度利用深层隧道蓄滞空间；②最大限度处理所收集的雨污水；③保证一定流速，将深层隧道中的沉积物降至最低；④将耗电费用减至最低。为满足上述目标，雨污抽排量依深层隧道蓄水量、污水处理能力及气象预报而定。TARP 的工程措施如图 4-7 所示。

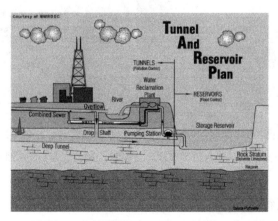

图 4-7　TARP

（资料来源：http://vtchl.illinois.edu/tunnel-and-reservoir-plan/）

2）日本的深层排水工程

东京作为日本的首都，是世界上较大的城市之一。面积为 2187km²，人口达 1.332×10^7 人。属温带海洋性气候，年平均气温为 15.6℃，年平均降雨量为 1800mm。由于特定的地理环境，除了地震以外，台风和暴雨带来的洪水是最大的威胁。特别是近几十年，全球变暖造成海平面上升和气候异常，给日本这个岛国带来的影响尤为明显。当短历时超常降雨出现时，带来的洪水超出河道正常排涝能力，引起积水倒灌，城市内涝，但分析表明，东京范围内大大小小的河流中，最大的江户川河道宽阔，具有足够的泄洪能力。因此，如何提高其他河道的洪水容纳能力，并及时通过江户川排入东京湾，是解决东京洪水问题的关键，也是深层隧道工程建设的初衷。该工程全长 6.3km，下水道直径约 10m，埋设深度为地下 60～100m，由地下隧道、5 座巨型竖井、调压水槽、排水泵房和中控室组成，将东京都十八号水路、中川、仓松川、幸松川、大落古利根川与江户川串联在一起，用于超标准暴雨情况下流域内洪水的调蓄和引流排放，调蓄量约为 $6.7 \times 10^5 m^3$，最大排洪量可达 200m³/ s。在正常状态和普通降雨时，该隧道不必启动，污水及雨水经常规、浅埋的下水道和河道系统排入东京湾，而当诸如台风，超标准暴雨等异常情况出现，并超过上述串联河流的过流能力时，竖井的闸门便会开启，将洪水引入深层下水道系统存储起来，当超过调蓄规模时，排洪泵站自行启动，经江户川将洪水抽排入东京湾，如图 4-8 所示。

图 4-8　神田川水系庙正寺川调节池（黄悦莹，2015，平时：左图；洪水：右图）

3）墨西哥的深层隧道排水系统

墨西哥城是墨西哥合众国的首都，位于墨西哥中南部高原的山谷中，海拔为 2240m。墨西哥城面积为 1500km²，人口达 1.8×10^7 多人，平均降雨量为 748mm。

墨西哥城始建于公元前 500 年，是美洲较古老的城市之一，由于地处中央高原墨西哥谷地，四面环山，特别容易遭受"水患"。该城市最早的排水系统是按雨污合流制形式建成于 20 世纪初，管道总长度达 1.4×10^4km。由于收集的雨水、污水最终通过 Gran Canal（大排水渠）利用重力流将城市雨水和污水收集排出城外，为早期城市防洪排涝发挥了重要作用。但由于墨西哥城大量抽取地下水而造成严重地表沉降（年平均沉降 0 ~ 300mm），使得修建于地表浅层的 Gran Canal 严重错位，无法维持建设时的坡降，到 1950 年，其中有 20km 长的管道已经完全失去了原有的坡度，使得 Gran Canal 的过流能力由原来的 90m³/s 锐减至 12m³/s。当局不得不对 Gran Canal 系统进行改造，通过增设抽水系统来改变因不均匀沉降形成的逆坡现状。随着对当地的地表沉降问题作进一步的深入分析，认为墨西哥城要彻底解决这个问题，必须要重新建立一套免受地表沉降影响的"深层排水系统"。1967 年启动了名为"深层隧道排水系统"的总体规划，一期于 1975 年建成并投入运行。"深层隧道排水系统"由中央隧道和截水隧道 2 部分组成，全部敷设在地表 30m 以下，采用泥水盾构施工方法。中央隧道直径为 6.5m，长为 50km，设计过流能力为 220m³/s，是将墨西哥城雨水和污水排出城外的主要通道，承担了整个城市排洪纳污功能。截水隧道由呈支状分布的 9 条总长约 154km，直径为 3.1 ~ 5.0m 的隧道组成，主要负责及时将区域内的雨洪及污水收集并排入中央隧道。但由于人口增长（由 1960 年的 5.125×10^6 人增长到 2000 年的 1.7946×10^7 人）和服务范围的扩展（由 1970 年的 683km² 扩大到 1990 年的 1295km²），1975 年建成的"深层隧道排水系统"已满足不了需求，特别是雨季过流能力不足，导致城市内涝频发，为此提出了"东部隧道"工程。该工程由长 63km，直径 7m，埋设深度超过 200m 的"东部隧道（East Tunnel）"和埋设深度在 150 ~ 200m 的 24 条进水道组成，排水能力为 150m³/s，是目前全球在建的最大城市深层隧道排水系统，将与中央隧道互为备用，进一步提高城市排水能力。

4）中国大陆首个地下 40m 深层排水隧道

2013 年 10 月广州在地下 40 多米的地方开挖深层隧道的排水系统。该系统共 86.4km，提供 1.652×10^6m³ 的调蓄容积，并结合竖井建设 5 座排涝泵站。根据深层隧道整体的规划方案，将建成一主七副和一厂，隧道总长 86.42km。深层隧道建成后，司马涌、西濠涌、东濠涌、沙河涌、猎德涌、深涌流域内及广园路渠箱等排水干渠排水标准将提高到（市政）10 年一遇排水标准。

整个深层隧道将修建"一主七副"8 条深层隧道，在珠江前航道临江处建 1 条西起大坦沙、东至大濠沙岛的主隧道，沿重要河涌建 7 条分支隧道。7 条分支隧道分别是：1.9km 的荔枝湾涌分支隧道、3.6km 的西濠涌分支隧道、2km 的东濠涌分支隧道、8.3km 的沙河涌分支隧道、4.1 km 的猎德涌分支隧道、6.1km 的车陂涌分支隧道和 1 条石井河分支隧道（因为条件较好，将修建 29.4km 浅层渠箱）。此外，还将在黄埔区大濠沙岛建 1 座大型初雨处理厂，处理深层隧道收集的大量雨水。

　　旱季和小雨时，深层隧道作为部分污水输送通道；中等雨量时，深层隧道系统发挥调蓄治污功能；大暴雨时，深层隧道系统发挥防洪排涝功能。在进一步完善浅层排水系统的同时，建设深层隧道排水系统，预期达到的目标是：缓解广州市城区"内涝"问题，提高相应流域城市排水干渠排水标准，由现在的 0.5～1 年一遇提高到 5～10 年一遇。对合流制地区，为提高污染收集系统的截流倍数提供条件，大大缓解合流制溢流污染；对分流制地区，调蓄 10mm 初期雨水径流，缓解初期雨水径流污染；总的来说，削减流域 70% 以上的初期雨水径流和合流制溢流污染。

　　5）中国香港市区截流蓄洪工程

　　香港市区截流蓄洪工程，是香港历来最大的排洪计划。工程包括建造三条共长 20km，设计总排水量达每秒 460m³ 的雨水排放隧道，及两个位于市区地下，总蓄水量 $1.09 \times 10^5 m^3$ 的蓄水池。雨水排放隧道的设计雨量重现期为 200 年一遇，而隧道建成后下游市区可抵 50 年一遇的暴雨。

　　截流蓄洪工程主要包括港岛西雨水排放隧道、荔枝角雨水排放隧道、荃湾雨水排放隧道、大坑东蓄洪池及上环蓄洪池组成，港岛西雨水排放隧道横跨香港岛，沿半山兴建，主隧道长 10.5km，直径 7.25m。荔枝角雨水排放隧道位于九龙西北部，隧道全长 3.7km，由一段 2.5km 长沿半山兴建的分支隧道，及一段 1.2km 长贯通荔枝角市区地底的主隧道组成，直径为 4.9m。荃湾雨水排放隧道穿越新界大帽山南面，长 5.1km，直径 6.5m。大坑东蓄洪池位于九龙北部，蓄水量 $1.0 \times 10^5 m^3$。上环蓄洪池位处香港岛上环低洼地区，容量为 $9.0 \times 10^3 m^3$。

　　三条雨水排放隧道及两个地下蓄洪池相互配合，为香港市区多个沿岸地方，包括主要商业中

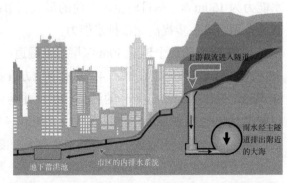

图 4-9　截流及蓄洪概念图（资料来源：香港渠务署）

心及稠密商住区，提供长远有效的防洪保障。截流蓄洪成效显著，大大提高了香港地区的防洪能力和标准，有效地减轻了城市的洪涝灾害，在近年的多次暴雨中均未出现内涝现象。其流程图、荔枝角雨水排放隧道排水口及大坑东蓄洪池图，分别如图4-9～图4-11。

图4-10 荔枝角雨水排放隧道排水口（资料来源：香港渠务署）

图4-11 大坑东地下蓄洪池内（资料来源：香港渠务署）

4.2.3 总结

雨洪控制措施虽然对提高城市防涝能力虽然有立竿见影的效果，但是其建设投资巨大，需要耗费大量人力物力，而且我国投资较为分散，缺乏长期全局性大型工程，因此仅仅依靠大型雨洪措施不是唯一出路。有研究表明，现在城市地面硬化率高，发生暴雨时雨水由地面到排水口也需要一段时间，如不能及时归管引流，发生暴雨时也有可能发生积水。因此通常国际上的做法是利用海绵城市建设绿色设施帮助减少径流峰值，然后利用雨洪控制措施对雨水进行暂时储存。因此只有将绿色设施与灰色设施进行合理搭配，才达到城市防洪排涝的最佳效果。

4.3 绿色建筑

4.3.1 绿色建筑概况

1）绿色建筑的内涵

绿色建筑已经逐渐成为都市环境恶化的解决方案，而绿色建筑中与雨水相关的项目更是与海绵城市息息相关。我国的绿色建筑经过多年发展，现已经建立健全专属于绿色建筑的评价体系，该体系在实际工程中运用甚广，并且取得不错成效。因此，全面了解绿色建筑的措施与评估方法，有助于我们改善海绵城市的管理、评价措施。

何为绿色建筑？绿色建筑是指在建筑的全生命周期内，最大限度地节约资源包括节约能源、节约用地、节约水资源、节约材料、保护环境减少污染，保障国民健康安全，提供舒适高效的使用空间，与自然达到和谐共生的建筑。利用生命周期评价（LCA）手段，达到人、自然与建筑和谐共处。与一般建筑相比，绿色建筑有如下特点：

（1）一般建筑的耗能大，并且在建筑施工过程会产生比较严重的环境污染；绿色建筑就是要在建筑生命周期全过程都要做到节能减排，甚至要做到零排放；

（2）一般建筑采用的是商品化生产技术，从某种角度来说，建筑物也就是一种产品，开发商或者产品生产者为了效率与产值，导致所有的产品均是千篇一律，没有特色；而绿色建筑就是要因地制宜，做到与环境相协调，让建筑物最终融入当地的人文、自然、社会环境，将建筑过程中对环境的冲击负荷降到最低；

（3）一般建筑是封闭的，不注重室内环境；而绿色建筑是通过合理的布局，适宜的朝向，良好的自然采光和通风系统，宜人的周围环境，使得建筑内部与外部环境有效连通，能够对气候变化自动调节，可提供健康舒适的居住环境；

（4）一般建筑对环境的影响只考虑到建筑施工结束，而绿色建筑则不仅仅在设计、规划、施工过程中遵循绿色原则，而且在营运及管理过程也要遵守绿色原则。

2）绿色建筑的发展历程

世界绿色建筑的发展大致可以分为以下四个阶段：19 世纪末的萌芽阶段，此阶段绿色建筑的概念开始形成；20 世纪 60 年代的唤醒期，此阶段公众的生态意识被唤醒，绿色建筑的概念开始流行；20 世纪 70 ~ 80 年代的发展期，此阶段绿色建筑的概念得到了进一步的完善，各国及地区的绿色建筑开始出现；2000 年以后的发展期，此阶段绿色建筑在世界范围内开始蓬勃发展。

"绿色建筑"的萌芽最早可追溯到 19 世纪末，彼时西方涌现出了一批革新建筑师，主张建筑要适应社会和新科技发展的需求。第一次世界大战后，西方建筑界的革新建筑师将建筑与现代艺术思潮相结合，形成了现代派建筑。现代派建筑注重建筑美学原则，注重光与建筑的关系和建筑外墙构造的环境性能。1969 年，建筑师保罗·索勒瑞首次提出了生态建筑的理念。1976 年，在温哥华召开的第一届世界人类聚居大会讨论了以可持续发展的模式提供住房、基础设施和服务的问题。1992 年，在里约热内卢召开的联合国环境与发展大会通过了《21 世纪议程》，该议程指出，"不同国家和地区对可持续建筑的理解不尽相同。所有国家都应把可持续建筑的重点放在建筑对环境的生态影响上。不同国家可持续建筑理论共同的关注因素应包括：减少对自然资源包括矿产、能源的使用；保护自然环境和物种多样性；改善建筑环境质量；维护室内环境"。此后，美国、英国、加拿大等国先后推出了绿色建筑评估、评价体系，为绿色建筑的规范化发展奠定了坚实的基础。

3）绿色建筑的必要性

绿色建筑（Green Building）的口号在日常生活中已经渐渐为人所知，绿色建筑已经逐渐成为世界潮流趋势。近年来，地球的气候变得异常，生态面临威胁，人类的环保意识在不断地提高。1992 年 170 个国家代表出席《地球高峰会议》并发表里约宣言，呼吁各国正视地球保护的迫切性，要求世界各国以实际行动来追求人类永续发展。随后不久，1993 年联合国成立了永续发展委员会（United Nations Commission on Sustainable Development，UNCSD），以便开展全球的环境保护工作。不仅如此，1996 年 6 月联合国召开《人居环境会议》，并签署《人居环境议程》，呼吁各国均要正式都市危机，正确认识绿色建筑。1997 年 12 月，在日本京都召开的《联合国气候变化框架公约》缔约方第三次会议通过了旨在限制发达国家温室气体排放量以抑制全球变暖的《京都议定书》。《京都议定书》规定，到 2010 年，所有发达国家二氧化碳等 6 种温室气体的排放量，要比 1990 年减少 5.2%。具体说，各发达国家从 2008 ~ 2012 年必须完成的削减目标是：与 1990 年相比，欧盟削减 8%、美国削减 7%、日本削减 6%、加拿大削减 6%、东欧各国削减 5% ~ 8%。新西兰、俄罗斯和乌克兰可将排放量稳定在 1990 年水平上。议定书同时允许爱尔兰、澳大利亚和挪威的排放量比 1990 年分别增加 10%、8% 和 1%。2009 年 12 月在丹麦首都举行的哥本哈根全球气候变迁会议，有 192 个国家的领袖、企业社会组织，共 20000 余人针对温室气体排放标准进行探讨。

中国作为最大的发展中国家，理应肩负起大国责任，而且中国现在也正在实施相应的措施来应对气候变化。2009 年 11 月，中国正式公布了温室气体控制目标，2020 年国内生产总值 CO_2 排放比 2005 年下降 40% ~ 50%。此外，我国正处在全面建设小康社会的冲刺阶段，经济的快速发展，会伴随着一系列能源及环境问题，从党的十八大以后，生态文明建设已经被写入党章。绿色建筑作为生态文明的具体措施，已经越来越被重视。

建筑产业是一项高污染的产业，目前全球的建筑相关产业，消耗了地球能源的 50%、水资源的 50%、原材料的 40%，同时产生了 50% 的空气污染、42% 的温室气体、50% 的水污染、48% 的固体废弃物、50% 的氟氯化合物、40% 的垃圾总量，显然是地球环境污染的最大来源之一。

4.3.2 绿色建筑标准

1）世界绿色建筑标准的发展

绿色建筑在日本称为环境共生建筑，在一些欧美国家则称为生态建筑、永续建筑，在美洲、澳洲、东亚国家级北美国家则多称为绿色建筑，在中国台湾称为绿建筑。自 1992 年巴西的地球高峰会议以来，随着地球环保的兴起，在建筑业也开始一片绿色建筑运动。1990 年英国建筑研究所 BRE 首先提出了全球第一部绿色建筑评估系统 BREEAM，英国的评估方法后来影响了 1996 年美国的 LEED、1998 年加拿大的 GBTOOL 等评估法。建立于 1992 年的中国台湾的绿建筑评估系统 EEWH，是全球第四个绿色建筑评估系统。此后，日本也发布了《建筑物综合环境性能评估系统 CASBEE》，澳洲则于 2002 年发布《Energy Star》。进入 21 世纪以后，全球的绿色建筑评估系统发展到巅峰，陆续出现德国的 LNB、挪威的

Eco Profile、法国的 CECALE、韩国的 KGBC、香港的 HK-BREEAM 与 CEPAS、新加坡的 Green Mark。中国大陆于 2006 年也公布了《绿色建筑评价标准》。截至目前，全球正式拥有绿色建筑评估系统已达 26 个国家或地区。表 4-1、表 4-2 分别为主要国家或地区绿色建筑用语及定义与绿色建筑评估系统。

主要国家或地区绿色建筑用语及定义 表 4-1

国家或地区	用语	定义
欧洲国家	生态建筑、永续建筑	强调生态平衡、保育、物种多样化、资源回收再利用、再生能源及节能等永续发展相关课题
美国、加拿大	绿色建筑	能源效率与节约、室内空气品质资源与材料效益、环境容量
中国台湾	绿建筑	生态、节能、减废、健康
日本	环境共生建筑	保育地球环境、友善周边环境及健康舒适的居住环境
中国大陆	绿色建筑	四节（节能、节地、节水、节材），保护环境、减少污染，健康、舒适、安全的使用空间，与自然和谐共生的建筑

主要国家或地区绿色建筑评估系统 表 4-2

日期	国家或地区	建立或资助机构	评估系统名称
1990	英国	建筑研究所（BRE）	BREEAM
1996	美国	绿建筑协会（USGBC）	LEED
1998	加拿大	天然资源部（NRCAN）	GBTOOL
1999	中国台湾	内政部建筑研究所	EEWH
2002	日本	国土交通省（MLIT）	CASBEE
2002	澳洲	国家电器与设备能源效率委员会（NAEEEC）	Energy Star
2003	中国大陆	科学技术部	GOBAS
2007 DGNB	德国	永续建筑委员会（DGNB）	DGNB

2）世界绿色建筑标准的对比

（1）中国大陆绿色建筑评价体系

中国大陆的绿色评价指标体系由节地与室外环境、节能与能源利用、节水与水资源利用、节材与材料资源利用、室外环境质量、施工管理、运营管理 7 类指标组成。每类指标均包括控制项和评分项。评价指标体系还统一设置加分项。设计评价时，不对施工管理和运营管理进行评价。绿色建筑的评价体系 7 类指标总分均为 100 分，7 类指标各自的评分项得分 Q_1、Q_2、Q_3、Q_4、Q_5、Q_6、Q_7 按参评建筑指标的评分项实际得分除以适用于该建筑的评分项总分值再乘以 100 分计算。最终的评价总得分如下式：

$$\sum Q = w_1 Q_1 + w_2 Q_2 + w_3 Q_3 + w_4 Q_4 + w_5 Q_5 + w_6 Q_6 + w_7 Q_7 + Q_8 \qquad (4\text{-}7)$$

式中 Q_8 表示附加得分，7 类指标各自得分项的权重 $w_1 \sim w_7$ 如表 4-3 所示。

绿色建筑各类评价指标的权重　　　　　　　　　　　表 4-3

项目		节地与室外环境 w_1	节能与能源利用 w_2	节水与水资源利用 w_3	节材与材料资源利用 w_4	室内环境质量 w_5	施工管理 w_6	运行管理 w_7
设计评价	居住建筑	0.21	0.24	0.20	0.17	0.18	—	—
	公共建筑	0.16	0.28	0.18	0.19	0.19	—	—
运行评价	居住建筑	0.17	0.19	0.16	0.14	0.14	0.10	0.10
	公共建筑	0.13	0.23	0.14	0.15	0.15	0.10	0.10

注：表中"—"表示施工管理和运营管理两类指标不参与设计评价；对于同时具有居住建筑与公共功能的单体建筑，各类评价指标权重取为居住建筑与公共建筑所对应权重的平均值。

中国大陆地区绿色建筑分为一星级、二星级、三星级 3 个等级。3 个等级的绿色建筑均应满足所有控制项的要求，且每类指标的评分项得分不应小于 40 分。当绿色建筑总得分分别为 50 分、60 分、80 分时，绿色建筑等级分别为一星级、二星级、三星级。虽然中国大陆地区绿色建筑评价体系起步较晚，但是发展迅猛，在"四节一环保"加"施工、运行管理"的体系下取得了较好的成果。截至 2013 年底，中国大陆地区累计评价的绿色建筑项目数量已达 1446 个，建筑面积超过 1.62 亿 m^2。取得成果的同时，大陆地区也面临着诸多挑战，大陆地区特有的气候特征、建筑特点，不同的人居环境及习俗要求我们积极吸收国外优秀经验的同时也要探寻因地制宜的绿色评价体系。

（2）英国 BREEAM 系统

英国 BREEAM（Building Research Establishment Environment Assessment Method）系统是 1990 年英国建筑研究组织 BRE 建立与管理的绿建筑评估体系，在英国境外对于欧洲和美加等国绿色建筑发展，有着深远的影响，BREEAM 在英国国内是多数建筑师事务所和建筑商遵循的评估标准，并设有合格 BREEAM 评估专家。BREEAM 的评估主要根据三大议题，分别为：Global Issues and Use of

Resources（全球议题与资源使用）、Local Issues（区域性议题）、Indoor Issues（室内议题）。其中全球议题与资源使用包含：CO_2 排放量、酸雨、臭氧层破坏相关因素评估、天然资源与再生建材评估、再生建材的保管空间等；区域性议题包含：退伍军人症、风害防治、噪声、日照、节水、自行车设施等；室内议题包含：给水设备传染菌、换气、烟害、湿度、照明、热舒适性、室内噪声等。

BREEAM 总共有八大项目：管理、健康福利、能源、运输、水资源、材料与废弃物、土地使用与生态及污染，具体详见表4-4。

BREEAM 评估八大项目　　　　　　　　　　　　　　表 4-4

评估项目	内容
管理	建筑生命周期各阶段的效能管理及方针策略的制
健康福利	提升生活品质，改善热光空气噪声等因素
能源	减少温室气体排放
运输	减少基地规划阶段与运输阶段的温室气体排放量
水资源	水资源利用与基地保水
材料与废弃物	材料的再利用性和环保性
土地使用与生态	生态重视程度
污染	包括水污染和空气污染

BREEAM 是对建筑物的整个生命周期进行评估，其生命周期包含设计阶段、新建阶段、整建阶段及运营管理阶段，通过上述表中的八大项目进行评估，最终评分的等级可分为不及格、通过、好、非常好、优秀五个等级。

（3）美国 LEED 系统

美国的 LEED 系统是目前最具有代表性的绿色建筑评估系统，世界上许多国家的绿色建筑体系都有承袭美国 LEED 系统的痕迹，像韩国、澳洲、中国大陆等国家地区的绿色建筑评估系统均有参考。LEED 评估系统是由美国绿色建筑协会于 1994 年开始制定的，该协会是由民间各地区建筑业者组成的非营利团体，对于绿色建筑申请案件，无任何强制和奖励制度，完全采用自愿申请制度。

LEED 系统以基地永续性、用水效能、能源与大气、材料与资源、室内环境品质、创新与设计过程六大项目来评估建筑物的性能。通过这六大项目评估之后，建筑物可以获得相应等级认证，认证等级从低至高分别为：通过认证、银级认证、金级认证、铂金级认证。全美各州公共机构的建筑要求必须符合以上的要求，民间单位也越来越多以 LEED 评估系统来规范建筑物的生命周期。除此之外，为了适应不同的建筑市场需求，美国绿色建筑协会陆续发展出 7 独立的 LEED 版本，如表 4-5。

LEED 系统评估版本　　　　　　　　　　　　表 4-5

版本	适用范围
新建版本	新建筑物或大范围扩增开建认证申请
结构版本	供仅负责及拥有建筑物结构体，但不负责承租户室内装修设计之业主或开发商申请认证
住宅版	地上三层以下的单栋或双栋建筑的认证申请
小区开发版	新建住宅小区、商业或混合开发案的认证申请
既有建筑版	既有建筑物或其局部的营运或维护阶段的评估
商业装修版	新建或既有办公建筑内的室内装修改善认证申请
医疗设施版	用以评估医疗设施，以提升医疗环境的质量

今年来 LEED 广为世界各国采用，截至 2012 年 10 月，中国申请 LEED 认证的项目已经达到 1045 个，已获得认证的项目共有 267 个，其中铂金级 18 个，金级 158 个，银级 71 个，通过级 20 个。既有建筑 LEED 评估项目指标如表 4-6。

既有建筑 LEED 系统评估指标（LEED，2010）　　　　表 4-6

指标	评估项目	分值
基地永续利用	达到 LEED 认证的设计和建造	4
	建筑外部管理规划	1
	外部虫害与腐蚀、景观管理规划	1
	交通运输的选择	3～15
	基地的保护	1
	暴雨的雨水量控制	1
	降低热岛效应，共分 2 小项	每项各 1 分
	降低光害	1

续表

指标	评估项目	分值
用水效率	减少内部配管	必要的
	用水效率管理	1～2
	额外的内部配管	1～5
	景观用水的效率管理	1～5
	冷却塔的管理，共分2小项	每项各1分
能源与大气	能源效率的管理	必要的
	降低耗能效率	必要的
	基本冷却剂的管理	必要的
	能源效率的优化	1～18
	调查既有建筑的耗能，共3小项	每项各1分或2分
	节能成效量测，共2小项	每项各1分和1～2分
	进阶冷却剂的管理	1
	放射线减量报告	1
材料与资源	永续材料的购买方针	必要的
	固体废弃物的管理方针	必要的
	永续材料购买，共6小项	每项各1分
	固体废弃物管理，共4小项	每项各1分
室内环境品质	室内空气瓶子最低标准	必要的
	香烟烟量控制	必要的
	环保清洁的方针	必要的
	室内空气质量，共5小项	每项各1分
	居住舒适度，共4小项	每项各1分
	环保清洁，共6小项	每项各1分
营运创新	营运创新	1～4
	达到LEED鉴定合格的专业	1
	永续建筑物成本的影响	1
地域优先性	地域优先性	1～4

（4）加拿大 GB-TOOL 系统

加拿大自然资源部于 1998 年在温哥华，发起绿色建筑挑战国际会议活动，至 2010 年已有 19 个国家共同参与，该活动目的在于发展、测试一套新的评估系统，用以评价建筑的环境性能。GB-TOOL 系统于发展之初即考虑各国家或地区所重视的优先课题、技术、建筑传统，甚至文化价值观念，因此适用不同国家或地区，现已被全球约 26 个国家翻译为各地基准的修正版本。

GB-TOOL 评审对象包括新建与既有建筑物，其类型包括：办公室、学校、医疗机构、公共建筑、旅馆、商店、住宅。由于该系统采用了生命周期评估方法（LCA），评估包括建筑物规划、设计、施工及维护阶段。评估的项目包括：资源消耗、环境负荷、室内环境、服务品质、经济性、管理性、通勤交通等其他类，其中资源消费、环境负荷、室内环境三项未必要评估项目。评估七大项目包括 23 细项，每一细项的评分范围在 $-2 \sim 5$ 分之间，其中 5 分为无成本考虑下最佳案例，$1 \sim 4$ 分则表示不同等级的 GB 案例：0 分者为基本 GB；而负分为不符合 GB 的案例。

（5）日本 CASBEE 系统

绿色建筑在日本称为环境共生建筑，以 2002 年发起的 CASBEE（Comprehensive Assessment System for Building Environmental Efficiency）评估系统最具权威性，为建筑物综合环境性能评估之系统，发展目标为减低环境负荷、与自然环境亲和舒适与健康等三项。该评估系统对建筑整个生命周期进行评估，分为 8 个版本：新建建筑物、既有建筑物、更新整建、热岛效应、都市开发、都市地区与建筑、独栋建筑、房地产评价。CASBEE 评估建筑环境性能效率，需考虑环境质量和环境负荷两大类，环境质量类包括：室内环境、服务质量、室外环境，环境负荷类包括：能源、资源材料、基地外环境，再以环境质量和环境负荷比值大小关系，评估建筑环境性能效率优劣。CASBEE 认证等级由低至高分别为：Poor、Fairly Poor、Good、Very Good、Excellent。

（6）德国 DGNB 系统

德国永续建筑协会（German Sustainable Building Council），德文缩写为 DGNB，此协会在 2008 年制定德国永续建筑标章（DGNB label），于 2009 年正式运作。德国永续建筑标章以建筑物的生命周期为认证的基础，评估内容有分六大议题，分别为：Ecological Quality（生态质量）、Economical Quality（经济质量）、Socio-cultural andFunctional Quality（社会文化和功能上的质量）、Technical Quality（技术质量）、Quality of the Process（流程质量）、Quality of the Location（区域质量）。

它的评审对象包含：办公型、商业型、住宅型、工业型、机构型等。认证等级由低至高分别为：Bronze（铜级）、Silver（银级）及 Gold（黄金级）标章。

2008 年初已有 121 个组织加入 DGNB，在全球有超过 1100 个会员，DGNB 希望其自身可以打造为德国及国际的知识平台，希望在 2050 年达到永续与宜居目标。该系统有一个最大的不同是，不以单一措施，而是以建筑物或都市地区的整体绩效进行评估。整个评估系统由大约 50 个不同的准则对建筑物的可持续性及整体性进行评估，其中项目包括：热舒适性、噪声保护、室内环境等。其他比较特殊的准则包括：城市地区气候变迁、生物多样性与互动性、社会与功能多样性等。

（7）中国台湾 EEWH 系统

中国台湾的 EEWH 系统因为发展较早，是全球第一个以亚热带建筑节能特色来发展的系统，也是亚洲第一个绿色建筑评估系统。台湾称绿色建筑为绿建筑，该系统由 1995 年的台湾节能设计法发展而来，以生态、节能、减废、健康为主轴，因而号称为 EEWH 系统。1999 年台湾公布第一部《绿建筑评估手册》与《绿建筑标章》以来，已成为台湾地区的绿色建筑认证标准；2004 年台湾引入五等级分级评估法，并建立《绿建材标章》认证制度，奠定了台湾地区绿色建筑评估体系的基础；2011 年更发展出五大建筑类型的专用绿色建筑评估手册，建立了绿色建筑家族评估体系。

2003 年台湾启动绿建筑推动方案四年计划，强制经费 5 千万新台币以上的公有建筑必须取得绿建筑候选证书，如图 4-12 所示。台湾绿建筑标章制度已实行十年，截至 2016 年 9 月底通过绿建筑标章及绿建筑候选证书已超过 6000 件，使得台湾 EEWH 评估系统成为拥有绿建筑认证数量仅次于美国 LEED 评估系统的绿建筑体系。

过去台湾以单一绿建评估手册应对所有新旧建筑与各类建筑的评估方法，为了更有效地应对不同建筑物在绿建筑设计上的差异，更好的发挥绿建筑标章认证的环境效益，台湾在 2009 年起积极发展不同类型建筑物的专用绿建筑评估系统，如表 4-7。台

图 4-12 中国台湾绿建筑标章认证制度

湾地区的绿建评估系统结合亚热带气候的特点，评估体系简单而方便，目前广泛运用于亚洲的建筑市场，评估系统由四大范畴、九大指标组成，见表4-8。

EEWH 系统版本及评估对象（EEWH，2013）　　　　　表 4-7

版本号	专用绿建评估系统	适用对象
一	绿建筑评估手册-基本型，又称为 EEWH-BC	除了下述二～四类以外的新建或既有建筑物
二	绿建筑评估手册-住宅型，又称为 EEWH-RS	供特定人长期或短期住宿的新建或既有建筑（H1、H2类）
三	绿建筑评估手册-厂房型，又称为 EEWH-GF	以一般室内作业为主的新建或既有工厂建筑
四	绿建筑评估手册-旧建筑改善型，又称为 EEWH-RN	取得使用执照三年以上，且建筑更新楼板面积不超过40%以上的既有建筑物
五	绿建筑评估手册-社区型，又称为 EEWH-EC	单元社区、新开发住宅区、既成住宅区、农村聚落或原住民部落、科学园区、工业区、大学城、商业区、住商混合区、工商综合区域物流专用区等

EEWH 九大指标（EEWH，2013）　　　　　表 4-8

四大范畴	九大指标	EEWH-BC	EEWH-RS	EEWH-GF	EEWH-RN	EEWH-EC
生态（Ecology）	一、生态多样性指标	◎	◎		◎	◎
	二、绿化量指标	◎	◎	◎	◎	◎
	三、基地保水指标	◎	◎	◎	◎	◎
节能（Energy）	四、日常节能指标	◎			◎	
减废（Waste Reduction）	五、CO_2 减量指标	◎	◎	◎	◎	
	六、废弃物减量指标	◎	◎	◎	◎	
健康（Health）	七、室内环境指标					
	八、水资源指标	◎	◎	◎	◎	
	九、污水垃圾改善指标	◎	◎		◎	

　　若要获得绿建标章或候选绿建筑证书，所申请的建筑物至少需要通过四项指标，并且四项指标中必须包括日常节能指标、水资源指标在内。台湾 EEWH 系统采用五等级评估方法，由所得综合分数从低到高分别为：合格认证、铜级、银级、黄金级、钻石级。

4.3.3 小结

纵观全球的绿色建筑评估系统，均有涉及"三 E 加 H"，即节能、生态、环保及健康，所有的绿色建筑措施都要强调人、自然、社会之间的协调，既不可教条化的为了绿色建筑而绿色建筑，也不可完全忽略绿色建筑。所有的措施都要因地制宜，结合当地的气候、人文、环境选出最适合当地的绿色建筑措施。在面对繁多的绿色建筑评估系统时，评估者切不可一味地按照他国或地区的做法来强制本地区的建筑物符合其要求，要取其精华，正如很多欧美系的评估系统未必适合亚洲的建筑物，反之亦然。结合海绵城市措施，我们可以看出绿色建筑的一些措施与海绵措施相辅相成。我国在海绵城市建设还处于起步阶段，要多学习绿色建筑评估系统建立的经验，多学习国外优秀的经验，并且因地制宜地提出符合我国国情的海绵城市措施，不可盲目追求海绵城市建设措施，要有一整套完成的评估体系，各个地区要结合本地区的实际情况，实施符合本地区的海绵城市措施，做到人与自然，人与社会，自然与社会相辅相成，让城市生态恢复本来面貌。

4.4 生态市政工程

4.4.1 生态市政工程的发展

生态工程是一个关于生态与工程的整合，涉及生态系统的设计，监测和建设的新兴研究。根据 Mitsch（1996），"可持续生态系统的设计意在将人类社会与其自然环境结合以造福两者"。Mitsch 和 Jorgensen 是第一个定义生态工程和提供生态工程原理。他们建议生态工程的目标是：恢复受到环境污染或土地干扰等人类活动严重干扰的生态系统，开发具有人类和生态价值的新的可持续生态系统。他们总结了生态工程的五个概念：

1）它是基于生态系统的自我设计能力；

2）它可以是生态理论的现场测试；

3）它依赖于集成系统方法；

4）它保护不可再生能源；

5）它支持生物保护。

Bergen 等人定义生态工程为：利用生态科学和理论，适用于所有类型的生态系统，适应工程设计方法，承认指导价值体系。Barrett（1999）提出了一个更为直接的定义："景观／水生结构和相关的植物和动物群落（即生态系统）的设计、建造、运营和管理（即生态的）是有益于人类和自然的"。生态工程在城市中的潜在应用包括景观建筑，城市规划和城市园艺等领域，可以合成为城市雨水管理。生态工程在农村景观中的潜在应用包括湿地处理和通过传统生态知识的社区再造林。

市政工程生态化是在基础设施生态学、基础设施可持续发展的基础上提出的，其本质是"灰色基础设施生态化"，意在城市发展的过程中，尽可能的保护自然系统，使其正常的发挥生态功能和作用，为人类的发展提供赖以生存的自然生态服务。市政工程生态化的目标是秉持可持续发展的原则，以生态学为基础，以人与自然和谐为核心，以现代技术和生态技术为手段，最高效、最少量的使用资源和能源，最大可能的减少对环境的冲击，以营造和谐、健康、舒适的人居环境。

市政工程生态的规划在理念上要从生态的角度去考虑市政工程的规划设计，在自然所能承受的范围内，进行市政工程规划，从而决定规划的容量。在工程技术上要考虑到在对于新能源、新技术、新工艺、新设备的采用上，应通过使用绿色无污染的新能源和新技术等，减少对于自然生态环境的影响，从而达到市政工程生态化的目的。

4.4.2　市政工程生态化面临的问题与挑战

1）快速城市化导致景观格局快速改变

以城市为中心的快速城市化导致区域景观格局迅速变化；区域生态系统失衡。

城市化最重要的特征就是高效的道路网络，便捷的信息通道，所谓三通一平。而这些城市化的建设措施将人类的资源利用思路钉在了自然框架上，加剧了景观破碎化程度，形成了条块化的城市结构，也使水系、湿地、森林等城市基础生态设施之间的景观连通性降低，阻断了生物交流的通道，影响生态系统中各种生态过程正常进行。为了改善产生的环境问题，人类用主观的方式改造着自然景观，在城市区域建设各种类型的人工绿地，而绿地建设引用大量外来植被种类，往往成为外来物种入侵的区域。对于绿地来讲，由于生境结构单一，无法形成有效的植被群落结构也会导致景观不稳定性。

2）过快的资源消耗使自然生态服务功能退化

生态服务功能是指自然资源所提供的城市生态支持功能，像洁净的空气、干净的水资源、营养的循环与存储、碳的累积等。快速城市化过程中，随着土地利用方式的变化，提供生态服务功能的自然资源迅速被取代，导致区域生态服务功能总量迅速变化。城市周围的水体、森林、湿地等也会在城市化土地覆盖变化等人为干扰过程中出现生态功能退化，小区域生态系统会出现紊乱的现象。由于湿地和岸区的开发，其蓄洪、储集沉积物、过滤毒素和过剩养料及维系动植物物种的能力下降，大自然对变化的自适应能力降低。同时，大规模开发会降低大自然适应气候变化的能力和野生动物种群的生存能力。

3）"重形象、轻生态"的设计误区

中国城市化进程迅速，大量的市政工程随处可见，而目前的市政工程建设中又缺少生态的意识，引发了种种祸端，国家和社会也面临着前所未有的困难和挑战。

4.4.3 市政工程生态化的考量

1）资源利用率

市政工程生态化的一个很重要方面是对能量和资源的高效利用。资源是有限的，为了达到永续使用，市政工程各个子系统都应该在建设阶段以及运营构成中尽可能地提高资源、能源利用率。如提高能源供应系统的生产效率、减少传输中的损耗给水排水系统使用中水循环技术等。

2）循环再生

生态学认为自然生态系统是一个功能单位，它的显著特征是系统中以食物网为基础进行的物质循环和能量流动。市政工程系统循环再生即是应用这个理念，形成系统网络，与外部系统网络衔接，增加循环的可能性。循环利用的根本是废弃物的再利用，良好的循环应能完成"资源—产品—资源"的过程，形成封闭的物质循环路线。因此，基于循环再生的概念，在环保工程系统中反对简单的垃圾收集填埋排水系统中倡导雨、污分流、中水利用。循环利用的水平越高，市政工程生态化的程度也就越高。

3）因地制宜地域性

由于自然条件、历史背景、经济发展水平和规模不同，市政工程系统在构成内容、比例配置、运营管理等方面存在着许多差异，由于各地区的生态系统构成有着不同的特征，因而各地区的市政工程生态化应该因地制宜，根据地方的经济社会结构、气候地形地貌等条件，与地方土地利用、产业结构相协调，选择最适宜的技术类型和途径实施市政工程生态化的过程。这是提高市政工程生态化效率的重要环节。

4.4.4 建设生态市政工程的措施

1）提高民众的认识

政府应加大宣传力度，大力普及居民的生态保护意识，呼吁更多的居民关注都市生态保护，从源头上减少对生态的破坏。

2）工程建设与生态问题结合

工程规划建设不仅要考虑到民生问题和经济发展问题，也要拥有长远的发展眼光，以可持续发展的方式进行城市规划，通过长远的考虑和整体意识合理进行市政工程立项规划工作。

3）生态保护纳入市政工程管理

无论工程规划立项多么完善，真正影响到最终保护结果的仍是工程具体施工过程中的管理情况，一个好的管理可以大大减少生态破坏现象。为避免市政工程与都市生态的矛盾。因此，在项目建设前就应该加强施工人员的思想教育，使生态保护真正成为一个工作要点，而不是单纯的一句口号，在建设过程中要加强工程的巡视和检查工作，防患于未然，避免出现垃圾工程。

4.4.5 生态市政工程建设案例

中新天津生态城是中国、新加坡两国政府战略性合作项目，是继苏州工业园之后两国合作的新亮点。生态城市的建设显示了中新两国政府应对全球气候变化、加强环境保护、节约资源和能源的决心，为资源节约型、环境友好型社会的建设提供积极的探讨和典型示范。

中新天津生态城在城市规划阶段就借鉴国外水资源利用的先进经验，引入海绵城市建设理念。从建设上，依据高规格的规划和科学的设计，雨水收集井及其他市政管网设施设置在道路两侧绿化带内，机动车道、绿道系统也采用全透水结构，纵横30km没有一个井盖，雨水的排泄都是通过机动车道与便道之间的排水孔来实现。每隔25m设一组排水孔，配合路面1%~1.5%坡度的竖向设计，在保证绿植水量充足后，再流入地下雨水管网。这样的设计在晴朗天气可以让行车减少颠簸，更为舒适，而在暴雨天气又可以避免井盖被泥沙以及树叶等杂物覆盖的排水不畅，或是井盖被雨水冲走导致的安全隐患。目前，中新天津生态城采用"一体化政府"理念打造智慧城市，通过智慧城市综合应用中心、智慧城市大数据平台、园区服务系统、生态环境展示系统、建设项目全过程综合管控平台、地理空间数据枢纽等项目，推动城市发展。未来，形成每个排水孔都连入互联网的智慧城市。图 4-13 为中新天津生态城图。

图 4-13　中新天津生态城

4.4.6　生态市政工程建设技术在该案例中的应用情况

1）低影响开发（LID）技术在生态城市政排水系统中的应用

新天津生态城起步区排水工程设计，采取雨污分流制度。在排水系统的划分上，充分考虑已经形成的骨架路网及远期的轻轨线路，避免排水管线对交通干线的穿越，而且将地区的雨污水通过最近的途径排入至市政排水管网。通过合理的排水系统的布局，降低了管道的管径，减少了管道的埋深，大大减小了工程的投资，同时保证了排水系统的畅通。与此同时，由于雨水中含有大量污染物，所以雨水泵站出水在排入蓟运河故道之前，提升入人工湿地，经过沉淀、过滤、吸附、微生物分解等作用，拦截初期雨水中的径流污染物，净化后的雨水排入蓟运河故道，对河道水质的保持提供了有力的保证。除此之外，设计最大限度地对雨水收集回收利用。通过屋顶雨水、绿化带和城市路面雨水的利用，达到节约水资源、涵养地下水和调节地区气候的作用。其中屋顶雨水利用，利用建筑物屋顶拦蓄雨水，地面或地下储存，经过处理后供用户就地使用。生态城路面雨水利用布置于侧分带下方的雨水井收集雨水，雨水先进行绿化带的灌溉和涵养，多余雨水经收水井排入市政雨水管道。由于人行便道面积小、分散性强，采用在人行便道上铺设透水砖，庭院、停车场、广场等集雨区也采用透水材料，如草坪砖和透水砖，增加雨水入渗量，雨水直接渗入地下，回补地下水，在减小径流系数的同时还可以增加绿化面积、美化环境，形成径流的雨水将流入道路两旁的下凹绿地，经过蓄、渗后排入市政雨水管道，初期雨水排入人工湿地，在沉淀、过滤、吸附、微生物分解等等共同作用下，雨水中的污染物被去除，达到雨水径流的收集利用和径流污染控制的目的。

2）共同沟在生态城建设中的应用

生态城规划在中部片区CBD区域设置"日"字形共同沟。共同沟作为生态城公共空间的一种集约化管理设施有其特有的特点，不仅保持了路面结构的完整性和提高了各类管线的耐久性，而且由于综合管沟内管线布置紧凑合理，有效利用了道路下的空间，节约了城市公共用地。特别是对于生态城建设要求将市政管线布置于快车道以外的市政公共用地范围内的情况，采用共同沟可解决部分道路因为管线数量较多而难以合理布置管线的问题。中新天津生态城将给水、再生水、热力、电力、通信等五种管线纳入共同沟内。目前生态城有相对固定、统一的能源管理公司，各市政管线入沟后有利于实现统一管理。

3）新型材料在生态城建设中的应用

（1）环保新型排水管材的应用

中新天津生态城由于局部地质为淤泥质土软基而且考虑到地下水对混凝土有强腐蚀性，因此，排水管材采用新型的采用聚乙烯塑钢缠绕管和聚乙烯钢带增强缠绕管，提高了施工速度，避免了地下水对管道的腐蚀，管道耐久可用。

（2）环保砌块检查井的应用

采用粉煤灰、煤矸石、荒山页岩等可再生材料制造的环保砌块替代传统的黏土红砖，保护了有限的土地资源，体现了循环经济、可持续发展的理念。同时，砌块检查井可缩短施工周期，方便施工，尤其对于小管径检查井有很好的可实施性。

（3）透水性环保砖的应用

中新天津生态城道路慢行系统路面结构的面层采用透水性的生态砂基环保砖，该砖采用沙漠废弃砂石，重新粘塑而成。下雨时雨水能迅速的下渗到基层中涵养地下水，保证慢行系统表面不积水，提高了慢行雨天出行的防滑度和舒适度。

（4）节能环保排水泵站设计

在生态城排水泵站的设计中，采用太阳能照明，节约了电能。同时采用离子除臭技术，能在极短的时间内氧化、分解污水中硫化氢等污染臭气因子，最终生成二氧化碳和水等稳定无害的小分子，从而达到净化空气的目的，避免泵站对大气的污染。

4.5 智慧城市

4.5.1 智慧城市的兴起

随着互联网、物联网、云计算等新一代信息技术的出现和迅速发展，2008 年底 IBM 提出借助新一代信息技术建设"智慧地球"的设想，于 2009 年提出建设"智慧地球"首先需要建设"智慧城市"的口号，希望通过"智慧城市"的建设引领世界城市通向繁荣和可持续发展。目前世界上"智慧城市"的开发数量众多，特色鲜明，全球大概有 1200 多个"智慧城市"的项目正在实施中。我国在 2011 年的"十二五"规划中，将智慧城市列入建设内容的城市达到了 20 多个，包括北京、天津、上海、广州、深圳、南京、武汉、宁波等。2013 年公布了首批的 90 个试点城市名单。

智能城市（Smart City），是把新一代信息技术充分运用在城市的各行各业之中的基于知识社会下一代创新（创新 2.0）的城市信息化高级形态，实现信息化、工业化与城镇化深度融合，有助于缓解"大城市病"，提高城镇化质量，实现精细化和动态管理。关于智能城市的具体定义比较广泛，目前在国际上被广泛认同的定义是，智能城市是新一代信息技术支撑、知识社会下一代创新（创新 2.0）环境下的城市形态，强调智能城市不仅仅是物联网、云计算等新一代信息技术的应用，更重要的是通过面向知识社会的创新 2.0 的方法论应用，构建用户创新、开放创新、大众创新、协同创新为特征的城市可持续创新生态。智慧城市一开始发展时很重要的推动原因之一就是能源的节约和减少碳的排放量。在智慧城市评价方面，国外有代表性的评价体系有两个，一个是欧洲智慧城市组织提出的"六指标"评价体系，另一个是国际智慧社区评选"五指标"评价体系。"六指标"评价体系将智慧城市的评价划分为智慧经济、智慧移动、智慧环境、智慧治理、智慧生活、智慧民众等六个维度，每个维度包括 31 个要素 74 项指标，分别赋予不同权重。"五指标"评价体系将智慧城市的评价划分为宽带连接、知识工作者、数字包容、创新、营销和宣传等五个维度，这一评价指标体系与前者相比更偏重于定性的说明。

4.5.2 海绵城市建设与智慧城市建设结合

2016 年 7 月 29 ~ 31 日，由国家发改委城市和小城镇改革发展中心主办的第二届中国智慧城市国际博览会在北京展览馆盛大举行。本次智博会亮点众多，特色主题展馆呈现出一个更加智慧、生态、高效的立体城市。其中，12 号海绵城市主题馆就是今年新增的特色主题馆之一。2016 年的中国海绵城市高峰论坛在北京召开，本次高峰论坛的主题是智慧海绵，依托互联网、物联网共同打造全产业链海绵城市智慧平台。通过结合物联网、云计算、大数据等信息技术手段建设智慧海绵城市，将海绵城市与智慧城市建设相结合，解决城市排水、污水处理、暴雨内涝等问题。力图通过"互联网 + 海绵城市"模式建设，减少全国各地"城市看海"的现象。另外，海绵城市智慧平台将利用互联网优势，结合物联网、云计算、大数据等信息技术手段，协同管理给排水管网、分布式绿色基础设施及河湖水系等各类海绵城市设施，可以实现对水安全、水环境、水生态、水资源等指标的动态监测与科学评估，保障海绵工程的科学规划、有效施工、准确评估和持久运行。

　　智慧与生态在技术应用层面的关联性最主要体现在为了实现生态改善，所采用的技术在运用时离不开的智能、智慧化的方法。在生态策略导向的城市的实践和规划建设过程中，已逐步从单一的技术运用向多手段融合集成协同应用过渡。体现和依托生态学原理的生态环境改善技术在城市空间规划层面逐步发展完善，现今主要包含以下技术领域：绿色循环的产业系统、紧凑混合的土地利用系统、高效便捷的交通系统、低耗清洁的能源系统、减量再生的废弃物系统、和谐宜人的生态环境系统、综合集成的绿色建筑系统、智慧高效的信息系统和低碳安全的照明系统等。在他们运用的过程中，大多数离不开智慧系统中智能技术的支撑与帮助，例如，高效便捷的交通系统便于智慧物联技术的实施，通过实时监测和设备的感应以提供交通流量变化和停车场空车位的数据，数据的及时共享有助于市民提前做好出行和停车规划，对于城市交通的拥挤和效率低下将产生极大的改善作用，与此类似，其他技术层面也都需要智慧城市的相关智能技术手段来帮助监测监控，在数据的支撑上提供强大的基础和帮助，从而完成具体量化，更好地实施生态保护。

　　良好的生态环境显然是智慧城市的内在需求，并为智慧城市的进步发展创造条件，智慧与生态成为互相促进，良性循环的理念和手段。智慧城市建设不仅重视建设智慧基础设施和改善生态环境也注重城市居民生活的改善，对社会文化、科学教育以及人才培养方面也颇有投入，这些投入将为城市带来高品质的生活环境，让智慧人才愿意留在此城市，进而为智慧城市带来可持续的进步源泉。

4.5.3 智慧城市建设的案例

1）案例一：巴塞罗那的智慧城市建设

早在 2000 年，巴塞罗那便致力于推广低碳绿色环境发展政策，先是支持全城居民使用太阳能，然后在全城普及各种电动车的使用，在城市中建设了大量的电动车充电装备。2009 年，巴塞罗那市就提出"智慧城市"建设的目标，至今为止，在城市总体的层面，这座城市已经提出和开始实施了大量致力于低碳绿色环境发展的措施。城市除了不遗余力地推进绿色与智慧的技术与创新手段，还同时从各方面注重构建合理的城市空间规划。

巴塞罗那智慧城市是一个综合规划，包含了城市的各个方面，从信息化基础设施、智能社会公共服务，到城市的绿色可持续发展，是一个包容开放的系统。至 2012 年，巴塞罗那已经完成了一系列卓有成效的智慧城市项目，被业界公认为欧洲智慧城市标杆。图 4-14 为巴塞罗那智慧城市框架图。

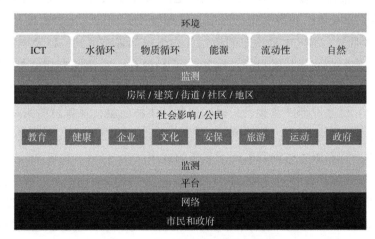

图 4-14 巴塞罗那智慧城市框架

巴塞罗那的智慧城市建设：

（1）互联网建设：巴塞罗那地下综合网络已经覆盖全市，共有 375000m 长城市网络，FTTH 覆盖 100% 覆盖整座城市。同时市民可以通过 APPs 简单便捷地获取覆盖全市的免费 Wifi 公共接入点，721 个 Wi-Fi 热点让市民随时随地获取网络服务，畅享互联互通的网络世界。

（2）物联网建设：巴塞罗那城市覆盖了大面积的无线传感器和路由器，这些设备每天产生了大量的数据，这些数据流则向开放式软件平台，进一步在平台上进行数据收集和分析，为城市更有效的运行提供指导。比如智能垃圾回收系统特有功能之一就是在自身满载时会主动发出信号，工作人员将根据其发出的信号来安排分配垃圾运输车的出行频率和路线，从而提高垃圾处理效率。智能灌溉系统也是如此，通过地面传感器提供湿度、温度、风速、阳光、气压等实时数据，园丁们能够根据基础数据调整植物灌溉时间表，更加科学地灌溉。

（3）开放的平台：建立开放平台，未来传感器、网络、地图和软件分析等开发商提供的数据可以被共享，另外也允许市政府各部门共享信息，避免重复彼此的工作。比如司机只需下载一种专门应用程序，就能够根据数据平台发来的信息获知空车位信息，方便司机安全、便捷地停车，防止时间的浪费。同样，不管是市民还是游客都可以基于可视化地图数据、交互式浏览，寻找最近位置的公共汽车车站、地理位置、旅游地点。

（4）绿色能源的使用：早在2000年，巴塞罗那就最先开始支持全城居民使用太阳能。到2006年巴塞罗那就已经成为欧洲使用太阳能电池板密度最高的城市。同时巴塞罗那大力推广电动汽车的使用，在全市部署充电站，以及电动汽车车队和汽车租赁等绿色交通相关设施及服务。到2012年，全市已有超过500辆的混合动力出租车，294个公共电动车，262个充电站，130辆电动摩托车和约400辆私人电动汽车。巴塞罗那注重提高公民的福利和生活质量，在智慧照明、智慧电网、智慧水务、流动性零排放、智慧停车、智能交通、智能区域供冷供暖、政务公开等促进民生的智慧服务方面都取得了显著的成果。

（5）旧城改造结合科技手段：在旧城改造计划中积极运用一系列智能科技手段，包括：电动车免费充电设施的推广、智能感应垃圾回收点、智能感应设施的停车库与停车位管理，以及居民公共用水方面的管理与节水计划。从这些项目中可以看出，巴塞罗那注重将创新科技手段运用到城市生活基础建设之中，从而达到节能环保，提高公民生活质量的目的。

（6）人文服务：将智慧城市的理念引入公共医疗体系。比如说，市政府资助研发了一套养老服务电子系统，病患人员可以通过数字医疗平台在线咨询、问诊和挂号预约西班牙8万多名医生和专家，至今已有8万多位老年人从中受益。与此同时，巴塞罗那所在的加泰罗尼亚大区政府卫生局也计划在2017年底，将大区所有医院和初级诊疗中心联网，实现病历共享，方便及时会诊并制定有效的治疗方案。除政府部门外，行业协会和医疗机构等也积极参与智慧城市建设：当地残障人士联合会为目标人群推出的手机APP，现已拥有超过16.5万名用户。巴塞罗那Hospital del Mar医院还开发了远程医疗系统，可实时监控和获取心脏病人的病情和相关数据，以便随时调整治疗方案并进行及时有效的干预。

2）案例二：迪比克的智慧城市建设

迪比克以建设智慧城市为目标，利用互联网、计算机、传感器、软件等一套智能系统，将城市的所有资源（水、电、油、气、交通、公共服务等）连接起来，侦测、分析和整合各种数据，进而智能化地响应市民的需求并降低城市的能耗和成本，使迪比克市更适合居住和商业发展。

SSD项目包含多个试点工程。迪比克市安装数控水电计量器到户、到店，智能水电计量器中使用了低流量传感器技术，防止公共设施和民宅水电泄漏，减少浪费。同时搭建实时可持续发展综合监督平台，及时对数据进行分析、整合和展示，为市民提供一种通过识别日常水使用模式，来检测水泄漏的方法，智能地管理他们的水资源。经过15周的试验，居民认识到，这些易用的工具，通过改变水使用模式，可以大幅节省水资源，在一般的家庭中，用水量下降了6.6%，漏水检测率也显著增加。图4-15为智能水电计量器数据收集示意图，图4-16为低流量传感器技术在智能水电计量器中的应用。

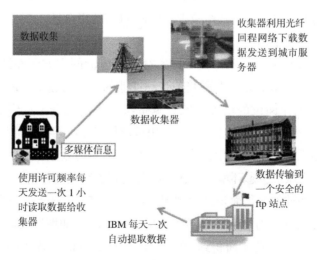

图4-15 智能水电计量器数据收集示意

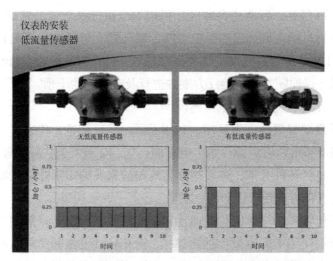

图 4-16　低流量传感器技术在智能水电计量器中的应用

智能水电计量器中使用了低流量传感器技术，防止公共设施和民宅水电泄漏，减少浪费。另外，通过密切协调与当地的电力企业 Alliant 能源的合作，迪比克市提供更加智能化的基础设施，深入了解用户使用模式，实现电力消费决策。能源试点项目（部署于 1000 个迪比克家庭）通过智能电表收集的信息，并把它用于云计算，通过互动门户网站，市民可以查看，以尽量减少在高峰使用时段的用电。该城市家庭采用该方案之后，已经减少了他们 11% 的用电量。

3）案例三："花园城市"新加坡

新加坡的"智慧国"计划将整个国家社会与生活的方方面面纳入考虑范围，经济方面，以信息技术的充分发展繁荣带动产业的升级与创新，网络覆盖率大大提高，从而达到工作岗位的增加，家庭宽带覆盖率的提升（达到 90%）和电脑 100% 的普及率。在城市空间方面，充分利用智慧技术建立智能交通优化公路网络，完善的智慧交通系统的覆盖不但提升了整个国家的交通效率，更间接节约劳动人口的时间成本，为城市生态环境的美化和改善起到了巨大的作用。

虽然目前新加坡的绿化面积已达到国土面积的 45%，绿化覆盖率达到 80% 以上，但是在生态建设上仍不断努力，在《2015 年永续新加坡发展蓝图》中，政府又力求将新加坡的空中花园面积到 2030 年前扩到 $200hm^2$，优美的生态环境为智慧新加坡的不断建设提供着坚实的生态保障。另外，新加坡政府还通过便捷高效的电子政府、建筑全息模型（BIM）应用、建筑能源管理、绿色建筑、既有建筑用能管理、智能物业管理系统、智能交通建设、智能化交通管理、个性化信息服务等方面积极推进智慧城市建设。

新加坡智慧城市建设主要内容：

（1）便捷高效的电子政府

新加坡建设信息化城市的水平在世界上居于前茅，电子政府自 2009 年起连续五年被评为世界第一。更重要的是，新加坡已经实现了从电子政府到整合政府的转变，以电子政府为先导，建立了电子居民和电子企业，所有新加坡公民和企业都有唯一的 SingPass 电子证书和电子信箱，所有新加坡公民和企业在政府统一的入口，根据其需要办事的内容申请即可，网上对每个办事内容申请提供学习模块，从而使得国家信息化得以全面快速地建立起来。

（2）建筑全息模型（BIM）应用

BIM 可以让建筑设计人员真正的在三维而非原来的二维图纸上设计建筑，实际就是在电脑中整合了几乎所有建筑相关的专业学科，大家都在一个模型里画图，以高度协同的方式，把整个项目完整的从设计到施工模拟一遍，使其实施过程中所有可能出现的失误和专业交叉完整呈现，从而在实际实施中避免这些失误。

在新加坡，BCA 要求所有新建建筑都必须提交 BIM 成果。得益于政府的倡导和资金支持，新加坡 BIM 技术已经走在了世界的前列，建筑设计企业竞争力得到了质的提升。

（3）建筑能源管理

新加坡注重将智能化技术应用于既有建筑的运营管理，大幅降低建筑能耗。新加坡的绿能环球与 Green Koncepts 公司是两家各具技术特色的公司。绿能环球注重对单个空调系统的测量分析及改造；Green Koncepts 公司侧重将传统的独立建筑物的建筑设备监控系统进行改造，实现云管理与大数据分析。两者的结合是实现建筑设备管理和建筑设备能耗优化的技术发展方向。

（4）绿色建筑

从 2007 年开始，新加坡所有公共部门新建建筑必须达到 Green Mark 认证的白金奖要求；其次，2008 年，新加坡修订了《建筑控制法》，规定 2000m² 以上的新建建筑必须达到 Green Mark 认证要求。其后，在 2012 年又对既有建筑提出强制性要求：当其进行制冷系统升级和更换时，项目必须满足 Green Mark 认证要求。为了鼓励项目采用更多的节能设计和可持续建设，新加坡建设局颁布了 1 亿新加坡元的"既有建筑绿色标志奖励计划"、2000 万新加坡元新建建筑奖励以及 500 万新加坡元绿色设计奖励，以推进新建建筑和既有建筑项目的绿色设计。此外，2011 年，新加坡建设局协同金融机构推出了建筑能效融资计划，为小型建筑节能改造提供融资。

（5）既有建筑用能管理

新加坡建设局正在进行检测建筑的实际能耗等工作，以公开展示建筑能耗关键信息来打破传统信息壁垒，督查行业自查，从而来保证绿色建筑的性能。项目建设完成之后需持续对建筑能耗进行跟踪，动态评定其绿色等级。对于已有建筑则每三年进行能耗审计，确保制冷系统效率满足能耗要求。建筑业主需要向新加坡建设局呈交建筑能耗数据和建筑使用信息。相关数据经过分析后，在建筑能效报告中公示。

（6）智能物业管理系统

新加坡在城镇管理政策方面，突出以人为本，成立市镇理事会，制定赋予市镇理事会维护保养行政和执法权的明确规范性文件，通过互动协商方式鼓励居民参与区内设施的维护保养，确保居民反馈得到正确引导和及时跟进；并根据物业公司工作效果决定是否需按照物业合同扣减居民缴纳的物业费用。

（7）智能交通建设

新加坡高效的交通运行系统都有其制度化的交通规划，对交通系统从宏观规划到微观设计进行了高度概括，理念先进科学并得到政策保障。另外，具有精细化的交通设计，新加坡城市道路网络包括快速路系统和城市道路系统，两者紧密结合。城市道路路网密度适中，支路网络非常发达，并且具有很好的连通性。对于狭窄的支路进行单向交通组织，充分利用了道路资源并增加了路网容量。

（8）智能化交通管理

新加坡交通系统采取交通需求管理措施，通过车辆配额系统（VQS）和电子道路收费系统（ERP），以经济杠杆来调控小汽车的拥有以及小汽车的出行比例，极大地缓解了机动车的过快增长并避免了城市交通拥堵。此外，新加坡在交通管理中基本实现智能化，包括绿波协调系统（GLIDE）、高速公路监控系统（EMS）、公路交界处监察系统（J-Eyes）、交通咨询网络（Traffic smart）等方面，将科技运用到交通的各个子系统中，极大地提高了交通系统运行效率。

（9）个性化信息服务

新加坡高度集成了计算机互联网以及智能终端设备，打造了统一的公共交通综合服务信息平台 My Transport，包含了各种交通出行模式的一站式综合电子信息以及按用户的出行模式分组的交通信息门户网站等，提供个性化的出行信息系统，可通过短信、网站、智能手机、电话热线等查询公共交通的实时信息。

附录1 引用相关标准名录

附表1

序号	标准名称	标准号
1	室外给水设计规范	GB 50013—2006
2	室外排水设计规范	GB 50014—2006（2016 年版）
3	建筑给水排水设计规范	GB 50015—2003（2009 年版）
4	室外给水排水和燃气热力工程抗震设计规范	GB 50032—2003
5	给水排水工程构筑物结构设计规范	GB 50069—2002
6	城市用地分类与规划建设用地标准	GB 50137—2011
7	给水排水构筑物工程施工及验收规范	GB 50141—2008
8	城市居住区规划设计规范	GB 50180—1993（2002 年版）
9	建筑地基基础工程施工质量验收规范	GB 50202—2002
10	防洪标准	GB 50201—2014
11	屋面工程质量验收规范	GB 50207—2012
12	建筑给水排水及采暖工程施工质量验收规范	GB 50242—2002
13	给水排水管道工程施工及验收规范	GB 50268—2008
14	城市给水工程规划规范	GB 50282—2016
15	堤防工程设计规范	GB 50286—2013
16	城市排水工程规划规范	GB 50318—2000
17	给水排水工程管道结构设计规范	GB 50332-2002
18	建筑中水设计规范	GB 50336—2002
19	屋面工程技术规范	GB 50345—2012
20	绿色建筑评价标准	GB/T 50378—2014
21	建筑与小区雨水控制及利用工程技术规范	GB 50400—2016
22	城市绿地设计规范	GB 50420—2007
23	城市水系规划规范	GB 50513—2009
24	城市园林绿化评价标准	GB/T 50563—2010
25	雨水集蓄利用工程技术规范	GB/T 50596—2010
26	河道整治设计规范	GB 50707—2011

续表

序号	标准名称	标准号
27	蓄滞洪区设计规范	GB 50773—2012
28	城镇给水排水技术规范	GB 50788—2012
29	城市防洪工程设计规范	GB/T 50805—2012
30	国家森林公园设计规范	GB/T 51046—2014
31	城市防洪规划规范	GB 51079—2016
32	城市绿线划定技术规范	GB/T 51163—2016
33	城市排水防涝设施数据采集与维护技术规范	GB/T 51187—2016
34	公园设计规范	GB 51192—2016
35	地表水环境质量标准	GB 3838—2002
36	土工合成材料　非织造布复合土工膜	GB/T 17642—2008
37	城镇污水处理厂污染物排放标准	GB 18918—2002
38	透水路面砖与透水路面板	GB/T 25993—2010
39	温拌沥青混凝土	GB/T 30596—2014
40	城镇道路工程施工与质量验收规范	CJJ 1—2008
41	城镇排水管道维护安全技术规程	CJJ 6—2009
42	城镇道路养护技术规范	CJJ 36—2006
43	城市道路工程设计规范	CJJ 37—2012（2016 年版）
44	城市道路绿化规划与设计规范	CJJ 75—97
45	园林绿化工程施工及验收规范	CJJ 82—2012
46	城乡建设用地竖向规划规范	CJJ 83—2016
47	城市绿地分类标准	CJJ/T 85—2002
48	透水水泥混凝土路面技术规程	CJJ/T 135—2009
49	城镇道路路面设计规范	CJJ 169—2012
50	城镇排水管道检测与评估技术规程	CJJ 181—2012
51	透水砖路面技术规程	CJJ/T 188—2012
52	透水沥青路面技术规程	CJJ/T 190—2012
53	城市道路路基设计规范	CJJ 194—2012
54	垂直绿化工程技术规程	CJJ/T 236—2015
55	绿化种植土壤	CJ/T 340—2016
56	人工湿地污水处理工程技术规范	HJ 2005—2010
57	种植屋面工程技术规程	JGJ 155—2013

续表

序号	标准名称	标准号
58	水利水电工程设计洪水计算规范	SL 44—2006
59	农村水利技术术语	SL 56—2013
60	水利工程水利计算规范	SL 104—2015
61	江河流域规划编制规范	SL 201-2015
62	雨水集蓄利用工程技术规范	SL 267-2001
63	水利水电工程水文计算规范	SL 278-2002
64	给水排水工程钢筋混凝土水池结构设计规程	CECS 138:2002
65	虹吸式屋面雨水排水系统技术规程	CECS 183:2005
66	园林绿地灌溉工程技术规程	CECS 243:2008
67	环境景观—室外工程细部构造	15J012-1
68	城市道路与开放空间低影响开发雨水设施	15MR105
69	城市道路—沥青路面	15MR201
70	城市道路—水泥混凝土路面	15MR202
71	城市道路—人行道铺砌	15MR203
72	城市道路—透水人行道铺设	16MR204
73	城市道路—环保型道路路面	15MR205
74	市政排水管道工程及附属设施	06MS201
75	绿地灌溉与体育场地给水排水设施	15SS510
76	雨水综合利用	10SS705

附录2 海绵城市建设绩效评价与考核
办法（试行）

（2015 年 7 月 10 日）

第一条 为推进城市生态文明建设，促进城市规划建设理念转变，科学评价海绵城市建设成效，依据住房城乡建设部《海绵城市建设技术指南》，制定本办法。

第二条 按照住房城乡建设部《海绵城市建设技术指南》要求开展海绵城市建设的城市，应依据本办法对建设效果进行绩效评价与考核。

第三条 住房城乡建设部负责指导和监督各地海绵城市建设工作，并对海绵城市建设绩效评价与考核情况进行抽查；省级住房城乡建设主管部门负责具体实施地区海绵城市建设绩效评价与考核。

第四条 海绵城市建设绩效评价与考核，坚持客观公正、科学合理、公平透明、实事求是的原则；采取实地考察、查阅资料及监测数据分析相结合的方式。

第五条 海绵城市建设绩效评价与考核指标分为水生态、水环境、水资源、水安全、制度建设及执行情况、显示度六个方面，具体指标、要求和方法见附件。

第六条 海绵城市建设绩效评价与考核分三个阶段：

城市自查。海绵城市建设过程中，各城市应做好降雨及排水过程监测资料、相关说明材料和佐证材料的整理、汇总和归档，按照海绵城市建设绩效评价与考核指标做好自评，配合做好省级评价与部级抽查。

省级评价。省级住房城乡建设主管部门定期组织对本省内实施海绵城市建设的城市进行绩效评价与考核，可委托第三方依据海绵城市建设评价考核指标及方法进行。绩效评价与考核结束后，将结果报送住房城乡建设部。

部级抽查。住房城乡建设部根据各省上报的绩效评价与考核情况，对部分城市进行抽查。

第七条 对海绵城市建设绩效评价与考核工作中存在弄虚作假、瞒报、虚报等情况的城市，将予以通报。

第八条 本办法由住房城乡建设部负责解释，自发布之日起试行。

海绵城市建设绩效评价与考核指标（试行）

类别	项	指标	要求	方法	性质
一、水生态	1	年径流总量控制率	当地降雨所形成的径流总量，达到《海绵城市建设技术指南》规定的年径流总量控制要求。在低于年径流总量控制率所对应的降雨量时，海绵城市建设区域不得出现雨水外排现象	根据实际情况，在地块雨水排放口、关键管网节点安装观测计量装置及雨量监测装置，连续（不少于一年，监测频率不低于15min/次）进行监测；结合气象部门提供的降雨数据、相关设计图纸、现场勘测情况，设施规模及衔接关系等进行分析，必要时通过模型模拟分析计算	定量（约束性）
	2	生态岸线恢复	在不影响防洪安全的前提下，对城市河湖水系岸线、加装盖板的天然河渠等进行生态修复，达到蓝线控制要求，恢复其生态功能	查看相关设计图纸、规划、现场检查等	定量（约束性）
	3	地下水位	年均地下水潜水位保持稳定，或下降趋势得到明显遏制，平均降雨量超过1000mm的地区不评价此项指标	查看地下水潜水位监测数据	定量（约束性、分类指导）
	4	城市热岛效应	热岛强度得到缓解。海绵城市建设区域夏季（按6～9月）日平均气温不高于同期其他区域的日均气温，或与同区域历史同期（扣除自然气候变化影响）相比呈现下降趋势	查阅气象资料，可通过红外遥感监测评价	定量（鼓励性）
二、水环境	5	水环境质量	不得出现黑臭现象。海绵城市建设区域内河湖水系水质不低于《地表水环境质量标准》Ⅳ类标准，且优于海绵城市建设前的水质。当城市内河水系存在上游来水时，下游断面主要指标不得低于来水指标	委托具有计量认证资质的检测机构开展水质检测	定量（约束性）
			地下水监测点位水质不低于《地下水质量标准》Ⅲ类标准，或不劣于海绵城市建设前	委托具有计量认证资质的检测机构开展水质检测	定量（鼓励性）
	6	城市面源污染控制	雨水径流污染、合流制管渠溢流污染得到有效控制。1. 雨水径流污染、合流制管渠溢流污染得到有效控制；2. 非雨期时段，合流制管渠不得有污水直排水体；3. 雨水直排或合流制管渠溢流进入城市内河水系的，应采取生态治理后入河，确保海绵城市建设区域内河湖水系水质不低于地表水Ⅳ类	查看管网排放口，辅助以必要的流量监测手段，并委托具有计量认证资质的检测机构开展水质检测	定量（约束性）

续表

类别	项	指标	要求	方法	性质
	7	污水再生利用率	人均水资源量低于500m³和城区内水体水环境质量低于IV类标准的城市，污水经处理后，污水再生利用率不低于20%。再生水包括通过管道及输配设施、水车等输送用于市政杂用、工业农业、园林绿地灌溉等用水，以及经过人工湿地、生态处理等方式，主要指标达到或优于地表IV类要求的污水厂尾水	统计污水处理厂（再生水厂、中水站等）的污水再生利用量和污水处理量	定量（约束性，分类指导）
三、水资源	8	雨水资源利用率	雨水收集并用于道路浇洒、园林绿地灌溉、市政杂用、工农业生产、冷却等的雨水总量（按年计算，不包括通过自然渗透的雨水量和自然蒸发的雨水量；或雨水利用量替代的自来水的比例等）与年均降雨量（折算成毫米数）的比值；或雨水利用量替代的自来水比例等。达到各地根据实际确定的目标	查看相应计量装置，计量统计数据和计算报告等	定量（约束性，分类指导）
四、水安全	9	管网漏损控制	供水管网漏损率不高于12%	查看相关统计数据	定量（鼓励性）
	10	城市暴雨内涝灾害防治	历史积水点彻底消除或明显减少，或者在同等降雨条件下积水程度显著减轻。城市内涝防治得到有效防治，达到《室外排水设计规范》规定的标准	查看降雨记录、监测记录等，必要时通过模型辅助判断	定量（约束性）
	11	饮用水安全	饮用水源地水质达到国家标准要求。以地表水为水源的，一级保护区水质达到《地表水环境质量标准》II类标准和饮用水源补充、特定项目的要求，二级保护区和饮用水源补充、特定项目的要求。以地下水为水源的，水质达到《地下水质量标准》III类标准。自来水厂出厂水、管网水和龙头水达到《生活饮用水卫生标准》的要求	查看水源地水质检测报告和自来水厂出厂水、管网水、龙头水水质检测报告。检测报告须由有资质的检测单位出具	定量（鼓励性）
五、制度建设及执行情况	12	规划建设管控制度	建立海绵城市建设的规划（土地出让、两证一书）、建设（施工图审查、竣工验收等）方面的管理制度和机制	查看出台的城市控详规、相关法规、政策文件等	定性（约束性）

续表

类别	项	指标	要求	方法	性质
	13	蓝线、绿线划定与保护	在城市规划中划定蓝线、绿线并制定相应管理规定	查看当地相关城市规划及出台的法规、政策文件	定性（约束性）
	14	技术规范与标准建设	制定较为健全、规范的技术文件，能够保障当地海绵城市建设的顺利实施	查看地方出台的海绵城市工程技术、设计施工相关标准、技术规范、图集、导则、指南等	定性（约束性）
五、制度建设及执行情况	15	投融资机制建设	制定海绵城市建设投融资、PPP管理方面的制度机制	查看出台的政策文件等	定性（约束性）
	16	绩效考核与奖励机制	1. 对于吸引社会资本参与的海绵城市建设项目，须建立按效果付费的绩效考评机制，与海绵城市建设成效相关的奖励机制等；2. 对于政府投资建设、运行、维护的海绵城市建设项目，须建立与海绵城市建设成效相关的责任落实与考核机制等	查看出台的政策文件等	定性（约束性）
	17	产业化	制定促进相关企业发展的优惠政策等	查看出台的政策文件、研发与产业基地建设等情况	定性（鼓励性）
六、显示度	18	连片示范效应	60%以上的海绵城市建设区域达到海绵城市建设要求，形成整体效应	查看规划设计文件、相关工程的竣工验收资料。现场查看	定性（约束性）

231

附录3　国务院办公厅关于推进海绵城市建设的指导意见

国办发 [2015] 75 号

各省、自治区、直辖市人民政府，国务院各部委、各直属机构：

海绵城市是指通过加强城市规划建设管理，充分发挥建筑、道路和绿地、水系等生态系统对雨水的吸纳、蓄渗和缓释作用，有效控制雨水径流，实现自然积存、自然渗透、自然净化的城市发展方式。《国务院关于加强城市基础设施建设的意见》（国发〔2013〕36 号）和《国务院办公厅关于做好城市排水防涝设施建设工作的通知》（国办发〔2013〕23 号）印发以来，各有关方面积极贯彻新型城镇化和水安全战略有关要求，有序推进海绵城市建设试点，在有效防治城市内涝、保障城市生态安全等方面取得了积极成效。为加快推进海绵城市建设，修复城市水生态、涵养水资源，增强城市防涝能力，扩大公共产品有效投资，提高新型城镇化质量，促进人与自然和谐发展，经国务院同意，现提出以下意见：

一、总体要求

（一）工作目标。

通过海绵城市建设，综合采取"渗、滞、蓄、净、用、排"等措施，最大限度地减少城市开发建设对生态环境的影响，将 70% 的降雨就地消纳和利用。到 2020 年，城市建成区 20% 以上的面积达到目标要求；到 2030 年，城市建成区 80% 以上的面积达到目标要求。

（二）基本原则

坚持生态为本、自然循环。充分发挥山水林田湖等原始地形地貌对降雨的积存作用，充分发挥植被、土壤等自然下垫面对雨水的渗透作用，充分发挥湿地、水体等对水质的自然净化作用，努力实现城市水体的自然循环。

坚持规划引领、统筹推进。因地制宜确定海绵城市建设目标和具体指标，科学编制和严格实施相关规划，完善技术标准规范。统筹发挥自然生态功能和人工干预功能，实施源头减排、过程控制、系统治理，切实提高城市排水、防涝、防洪和防灾减灾能力。

坚持政府引导、社会参与。发挥市场配置资源的决定性作用和政府的调控引导作用，加大政策支持力度，营造良好发展环境。积极推广政府和社会资本合作（PPP）、特许经营等模式，吸引社会资本广泛参与海绵城市建设。

二、加强规划引领

（三）科学编制规划。编制城市总体规划、控制性详细规划以及道路、绿地、水等相关专项规划时，要将雨水年径流总量控制率作为其刚性控制指标。划定城市蓝线时，要充分考虑自然生态空间格局。建立区域雨水排放管理制度，明确区域排放总量，不得违规超排。

（四）严格实施规划。将建筑与小区雨水收集利用、可渗透面积、蓝线划定与保护等海绵城市建设要求作为城市规划许可和项目建设的前置条件，保持雨水径流特征在城市开发建设前后大体一致。在建设工程施工图审查、施工许可等环节，要将海绵城市相关工程措施作为重点审查内容；工程竣工验收报告中，应当写明海绵城市相关工程措施的落实情况，提交备案机关。

（五）完善标准规范。抓紧修订完善与海绵城市建设相关的标准规范，突出海绵城市建设的关键性内容和技术性要求。要结合海绵城市建设的目标和要求编制相关工程建设标准图集和技术导则，指导海绵城市建设。

三、统筹有序建设

（六）统筹推进新老城区海绵城市建设。从 2015 年起，全国各城市新区、各类园区、成片开发区要全面落实海绵城市建设要求。老城区要结合城镇棚户区和城乡危房改造、老旧小区有机更新等，以解决城市内涝、雨水收集利用、黑臭水体治理为突破口，推进区域整体治理，逐步实现小雨不积水、大雨不内涝、水体不黑臭、热岛有缓解。各地要建立海绵城市建设工程项目储备制度，编制项目滚动规划和年度建设计划，避免大拆大建。

（七）推进海绵型建筑和相关基础设施建设。推广海绵型建筑与小区，因地制宜采取屋顶绿化、雨水调蓄与收集利用、微地形等措施，提高建筑与小区的雨水积存和蓄滞能力。推进海绵型道路与广场建设，改变雨水快排、直排的传统做法，增强道路绿化带对雨水的消纳功能，在非机动车道、人行道、停车场、广场等扩大使用透水铺装，推行道路与广场雨水的收集、净化和利用，减轻对市政排水系统的压力。大力推进城市排水防涝设施的达标建设，加快改造和消除城市易涝点；

实施雨污分流，控制初期雨水污染，排入自然水体的雨水须经过岸线净化；加快建设和改造沿岸截流干管，控制渗漏和合流制污水溢流污染。结合雨水利用、排水防涝等要求，科学布局建设雨水调蓄设施。

（八）推进公园绿地建设和自然生态修复。推广海绵型公园和绿地，通过建设雨水花园、下凹式绿地、人工湿地等措施，增强公园和绿地系统的城市海绵体功能，消纳自身雨水，并为蓄滞周边区域雨水提供空间。加强对城市坑塘、河湖、湿地等水体自然形态的保护和恢复，禁止填湖造地、截弯取直、河道硬化等破坏水生态环境的建设行为。恢复和保持河湖水系的自然连通，构建城市良性水循环系统，逐步改善水环境质量。加强河道系统整治，因势利导改造渠化河道，重塑健康自然的弯曲河岸线，恢复自然深潭浅滩和泛洪漫滩，实施生态修复，营造多样性生物生存环境。

四、完善支持政策

（九）创新建设运营机制。区别海绵城市建设项目的经营性与非经营性属性，建立政府与社会资本风险分担、收益共享的合作机制，采取明晰经营性收益权、政府购买服务、财政补贴等多种形式，鼓励社会资本参与海绵城市投资建设和运营管理。强化合同管理，严格绩效考核并按绩效付费。鼓励有实力的科研设计单位、施工企业、制造企业与金融资本相结合，组建具备综合业务能力的企业集团或联合体，采用总承包等方式统筹组织实施海绵城市建设相关项目，发挥整体效益。

（十）加大政府投入。中央财政要发挥"四两拨千斤"的作用，通过现有渠道统筹安排资金予以支持，积极引导海绵城市建设。地方各级人民政府要进一步加大海绵城市建设资金投入，省级人民政府要加强海绵城市建设资金的统筹，城市人民政府要在中期财政规划和年度建设计划中优先安排海绵城市建设项目，并纳入地方政府采购范围。

（十一）完善融资支持。各有关方面要将海绵城市建设作为重点支持的民生工程，充分发挥开发性、政策性金融作用，鼓励相关金融机构积极加大对海绵城市建设的信贷支持力度。鼓励银行业金融机构在风险可控、商业可持续的前提下，对海绵城市建设提供中长期信贷支持，积极开展购买服务协议预期收益等担保创新类贷款业务，加大对海绵城市建设项目的资金支持力度。将海绵城市建设中符合条件的项目列入专项建设基金支持范围。支持符合条件的企业通过发行企业债券、公司债券、资产支持证券和项目收益票据等募集资金，用于海绵城市建设项目。

五、抓好组织落实

城市人民政府是海绵城市建设的责任主体，要把海绵城市建设提上重要日程，完善工作机制，统筹规划建设，抓紧启动实施，增强海绵城市建设的整体性和系统性，做到"规划一张图、建设一盘棋、管理一张网"。住房城乡建设部要会同有关部门督促指导各地做好海绵城市建设工作，继续抓好海绵城市建设试点，尽快形成一批可推广、可复制的示范项目，经验成熟后及时总结宣传、有效推开；发展改革委要加大专项建设基金对海绵城市建设的支持力度；财政部要积极推进 PPP 模式，并对海绵城市建设给予必要资金支持；水利部要加强对海绵城市建设中水利工作的指导和监督。各有关部门要按照职责分工，各司其职，密切配合，共同做好海绵城市建设相关工作。

国务院办公厅

2015 年 10 月 11 日

附录4　关于进一步加强城市规划建设管理
工作的若干意见

（2016年2月6日）

城市是经济社会发展和人民生产生活的重要载体，是现代文明的标志。新中国成立特别是改革开放以来，我国城市规划建设管理工作成就显著，城市规划法律法规和实施机制基本形成，基础设施明显改善，公共服务和管理水平持续提升，在促进经济社会发展、优化城乡布局、完善城市功能、增进民生福祉等方面发挥了重要作用。同时务必清醒地看到，城市规划建设管理中还存在一些突出问题：城市规划前瞻性、严肃性、强制性和公开性不够，城市建筑贪大、媚洋、求怪等乱象丛生，特色缺失，文化传承堪忧；城市建设盲目追求规模扩张，节约集约程度不高；依法治理城市力度不够，违法建设、大拆大建问题突出，公共产品和服务供给不足，环境污染、交通拥堵等"城市病"蔓延加重。

积极适应和引领经济发展新常态，把城市规划好、建设好、管理好，对促进以人为核心的新型城镇化发展，建设美丽中国，实现"两个一百年"奋斗目标和中华民族伟大复兴的中国梦具有重要现实意义和深远历史意义。为进一步加强和改进城市规划建设管理工作，解决制约城市科学发展的突出矛盾和深层次问题，开创城市现代化建设新局面，现提出以下意见。

一、总体要求

（一）指导思想。全面贯彻党的十八大和十八届三中、四中、五中全会及中央城镇化工作会议、中央城市工作会议精神，深入贯彻习近平总书记系列重要讲话精神，按照"五位一体"总体布局和"四个全面"战略布局，牢固树立和贯彻落实创新、协调、绿色、开放、共享的发展理念，认识、尊重、顺应城市发展规律，更好发挥法治的引领和规范作用，依法规划、建设和管理城市，贯彻"适用、经济、绿色、美观"的建筑方针，着力转变城市发展方式，着力塑造城市特色风貌，着力提升城市环境质量，着力创新城市管理服务，走出一条中国特色城市发展道路。

（二）总体目标。实现城市有序建设、适度开发、高效运行，努力打造和谐宜居、富有活力、各具特色的现代化城市，让人民生活更美好。

（三）基本原则。坚持依法治理与文明共建相结合，坚持规划先行与建管并重相结合，坚持改革创新与传承保护相结合，坚持统筹布局与分类指导相结合，坚持完善功能与宜居宜业相结合，坚持集约高效与安全便利相结合。

二、强化城市规划工作

（四）依法制定城市规划。城市规划在城市发展中起着战略引领和刚性控制的重要作用。依法加强规划编制和审批管理，严格执行城乡规划法规定的原则和程序，认真落实城市总体规划由本级政府编制、社会公众参与、同级人大常委会审议、上级政府审批的有关规定。创新规划理念，改进规划方法，把以人为本、尊重自然、传承历史、绿色低碳等理念融入城市规划全过程，增强规划的前瞻性、严肃性和连续性，实现一张蓝图干到底。坚持协调发展理念，从区域、城乡整体协调的高度确定城市定位、谋划城市发展。加强空间开发管制，划定城市开发边界，根据资源禀赋和环境承载能力，引导调控城市规模，优化城市空间布局和形态功能，确定城市建设约束性指标。按照严控增量、盘活存量、优化结构的思路，逐步调整城市用地结构，把保护基本农田放在优先地位，保证生态用地，合理安排建设用地，推动城市集约发展。改革完善城市规划管理体制，加强城市总体规划和土地利用总体规划的衔接，推进两图合一。在有条件的城市探索城市规划管理和国土资源管理部门合一。

（五）严格依法执行规划。经依法批准的城市规划，是城市建设和管理的依据，必须严格执行。进一步强化规划的强制性，凡是违反规划的行为都要严肃追究责任。城市政府应当定期向同级人大常委会报告城市规划实施情况。城市总体规划的修改，必须经原审批机关同意，并报同级人大常委会审议通过，从制度上防止随意修改规划等现象。控制性详细规划是规划实施的基础，未编制控制性详细规划的区域，不得进行建设。控制性详细规划的编制、实施以及对违规建设的处理结果，都要向社会公开。全面推行城市规划委员会制度。健全国家城乡规划督察员制度，实现规划督察全覆盖。完善社会参与机制，充分发挥专家和公众的力量，加强规划实施的社会监督。建立利用卫星遥感监测等多种手段共同监督规划实施的工作机制。严控各类开发区和城市新区设立，凡不符合城镇体系规划、城市总体规划和土地利用总体规划进行建设的，一律按违法处理。用5年左右时间，全面清查并处理建成区违法建设，坚决遏制新增违法建设。

三、塑造城市特色风貌

（六）提高城市设计水平。城市设计是落实城市规划、指导建筑设计、塑造城市特色风貌的有效手段。鼓励开展城市设计工作，通过城市设计，从整体平面和立体空间上统筹城市建筑布局，协调城市景观风貌，体现城市地域特征、民族特色和时代风貌。单体建筑设计方案必须在形体、色彩、体量、高度等方面符合城市设计要求。抓紧制定城市设计管理法规，完善相关技术导则。支持高等学校开设城市设计相关专业，建立和培育城市设计队伍。

（七）加强建筑设计管理。按照"适用、经济、绿色、美观"的建筑方针，突出建筑使用功能以及节能、节水、节地、节材和环保，防止片面追求建筑外观形象。强化公共建筑和超限高层建筑设计管理，建立大型公共建筑工程后评估制度。坚持开放发展理念，完善建筑设计招投标决策机制，规范决策行为，提高决策透明度和科学性。进一步培育和规范建筑设计市场，依法严格实施市场准入和清出。为建筑设计院和建筑师事务所发展创造更加良好的条件，鼓励国内外建筑设计企业充分竞争，使优秀作品脱颖而出。培养既有国际视野又有民族自信的建筑师队伍，进一步明确建筑师的权利和责任，提高建筑师的地位。倡导开展建筑评论，促进建筑设计理念的交融和升华。

（八）保护历史文化风貌。有序实施城市修补和有机更新，解决老城区环境品质下降、空间秩序混乱、历史文化遗产损毁等问题，促进建筑物、街道立面、天际线、色彩和环境更加协调、优美。通过维护加固老建筑、改造利用旧厂房、完善基础设施等措施，恢复老城区功能和活力。加强文化遗产保护传承和合理利用，保护古遗址、古建筑、近现代历史建筑，更好地延续历史文脉，展现城市风貌。用5年左右时间，完成所有城市历史文化街区划定和历史建筑确定工作。

四、提升城市建筑水平

（九）落实工程质量责任。完善工程质量安全管理制度，落实建设单位、勘察单位、设计单位、施工单位和工程监理单位等五方主体质量安全责任。强化政府对工程建设全过程的质量监管，特别是强化对工程监理的监管，充分发挥质监站的作用。加强职业道德规范和技能培训，提高从业人员素质。深化建设项目组织实施方式改革，推广工程总承包制，加强建筑市场监管，严厉查处转包和违法分包等行为，推进建筑市场诚信体系建设。实行施工企业银行保函和工程质量责任保险制度。建立大型工程技术风险控制机制，鼓励大型公共建筑、地铁等按市场化原则向保险公司投保重大工程保险。

（十）加强建筑安全监管。实施工程全生命周期风险管理，重点抓好房屋建筑、城市桥梁、建筑幕墙、斜坡（高切坡）、隧道（地铁）、地下管线等工程运行使用的安全监管，做好质量安全鉴定和抗震加固管理，建立安全预警及应急控制机制。加强对既有建筑改扩建、装饰装修、工程加固的质量安全监管。全面排查城市老旧建筑安全隐患，采取有力措施限期整改，严防发生垮塌等重大事故，保障人民群众生命财产安全。

（十一）发展新型建造方式。大力推广装配式建筑，减少建筑垃圾和扬尘污染，缩短建造工期，提升工程质量。制定装配式建筑设计、施工和验收规范。完善部品部件标准，实现建筑部品部件工厂化生产。鼓励建筑企业装配式施工，现场装配。建设国家级装配式建筑生产基地。加大政策支持力度，力争用10年左右时间，使装配式建筑占新建建筑的比例达到30%。积极稳妥推广钢结构建筑。在具备条件的地方，倡导发展现代木结构建筑。

五、推进节能城市建设

（十二）推广建筑节能技术。提高建筑节能标准，推广绿色建筑和建材。支持和鼓励各地结合自然气候特点，推广应用地源热泵、水源热泵、太阳能发电等新能源技术，发展被动式房屋等绿色节能建筑。完善绿色节能建筑和建材评价体系，制定分布式能源建筑应用标准。分类制定建筑全生命周期能源消耗标准定额。

（十三）实施城市节能工程。在试点示范的基础上，加大工作力度，全面推进区域热电联产、政府机构节能、绿色照明等节能工程。明确供热采暖系统安全、节能、环保、卫生等技术要求，健全服务质量标准和评估监督办法。进一步加强对城市集中供热系统的技术改造和运行管理，提高热能利用效率。大力推行采暖地区住宅供热分户计量，新建住宅必须全部实现供热分户计量，既有住宅要逐步实施供热分户计量改造。

六、完善城市公共服务

（十四）大力推进棚改安居。深化城镇住房制度改革，以政府为主保障困难群体基本住房需求，以市场为主满足居民多层次住房需求。大力推进城镇棚户区改造，稳步实施城中村改造，有序推进老旧住宅小区综合整治、危房和非成套住房改造，加快配套基础设施建设，切实解决群众住房困难。打好棚户区改造三年攻坚战，到 2020 年，基本完成现有的城镇棚户区、城中村和危房改造。完善土地、财政和金融政策，落实税收政策。创新棚户区改造体制机制，推动政府购买棚改服务，推广政府与社会资本合作模式，构建多元化棚改实施主体，发挥开发性金融支持作用。积极推行棚户区改造货币化安置。因地制宜确定住房保障标准，健全准入退出机制。

（十五）建设地下综合管廊。认真总结推广试点城市经验，逐步推开城市地下综合管廊建设，统筹各类管线敷设，综合利用地下空间资源，提高城市综合承载能力。城市新区、各类园区、成片开发区域新建道路必须同步建设地下综合管廊，老城区要结合地铁建设、河道治理、道路整治、旧城更新、棚户区改造等，逐步推进地下综合管廊建设。加快制定地下综合管廊建设标准和技术导则。凡建有地下综合管廊的区域，各类管线必须全部入廊，管廊以外区域不得新建管线。管廊实行有偿使用，建立合理的收费机制。鼓励社会资本投资和运营地下综合管廊。各城市要综合考虑城市发展远景，按照先规划、后建设的原则，编制地下综合管廊建设专项规划，在年度建设计划中优先安排，并预留和控制地下空间。完善管理制度，确保管廊正常运行。

（十六）优化街区路网结构。加强街区的规划和建设，分梯级明确新建街区面积，推动发展开放便捷、尺度适宜、配套完善、邻里和谐的生活街区。新建住宅要推广街区制，原则上不再建设封闭住宅小区。已建成的住宅小区和单位大院要逐步打开，实现内部道路公共化，解决交通路网布局问题，促进土地节约利用。树立"窄马路、密路网"的城市道路布局理念，建设快速路、主次干路和支路级配合理的道路网系统。打通各类"断头路"，形成完整路网，提高道路通达性。科学、规范设置道路交通安全设施和交通管理设施，提高道路安全性。到 2020 年，城市建成区平均路网密度提高到 8 公里／平方公里，道路面积率达到 15%。积极采用单行道路方式组织交通。加强自行车道和步行道系统建设，倡导绿色出行。合理配置停车设施，鼓励社会参与，放宽市场准入，逐步缓解停车难问题。

（十七）优先发展公共交通。以提高公共交通分担率为突破口，缓解城市交通压力。统筹公共汽车、轻轨、地铁等多种类型公共交通协调发展，到 2020 年，超大、特大城市公共交通分担率达到 40% 以上，大城市达到 30% 以上，中小城市达到 20% 以上。加强城市综合交通枢纽建设，促进不同运输方式和城市内外交通之间的顺畅衔接、便捷换乘。扩大公共交通专用道的覆盖范围。实现中心城区公交站点 500m 内全覆盖。引入市场竞争机制，改革公交公司管理体制，鼓励社会资本参与公共交通设施建设和运营，增强公共交通运力。

（十八）健全公共服务设施。坚持共享发展理念，使人民群众在共建共享中有更多获得感。合理确定公共服务设施建设标准，加强社区服务场所建设，形成以社区级设施为基础，市、区级设施衔接配套的公共服务设施网络体系。配套建设中小学、幼儿园、超市、菜市场，以及社区养老、医疗卫生、文化服务等设施，大力推进无障碍设施建设，打造方便快捷生活圈。继续推动公共图书馆、美术馆、文化馆（站）、博物馆、科技馆免费向全社会开放。推动社区内公共设施向居民开放。合理规划建设广场、公园、步行道等公共活动空间，方便居民文体活动，促进居民交流。强化绿地服务居民日常活动的功能，使市民在居家附近能够见到绿地、亲近绿地。城市公园原则上要免费向居民开放。限期清理腾退违规占用的公共空间。顺应新型城镇化的要求，稳步推进城镇基本公共服务常住人口全覆盖，稳定就业和生活的农业转移人口在住房、教育、文化、医疗卫生、计划生育和证照办理服务等方面，与城镇居民有同等权利和义务。

（十九）切实保障城市安全。加强市政基础设施建设，实施地下管网改造工程。提高城市排涝系统建设标准，加快实施改造。提高城市综合防灾和安全设施建设配置标准，加大建设投入力度，加强设施运行管理。建立城市备用饮用水水源地，确保饮水安全。健全城市抗震、防洪、排涝、消防、交通、应对地质灾害应急指挥体系，完善城市生命通道系统，加强城市防灾避难场所建设，增强抵御自然灾害、处置突发事件和危机管理能力。加强城市安全监管，建立专业化、职业化的应急救援队伍，提升社会治安综合治理水平，形成全天候、系统性、现代化的城市安全保障体系。

七、营造城市宜居环境

（二十）推进海绵城市建设。充分利用自然山体、河湖湿地、耕地、林地、草地等生态空间，建设海绵城市，提升水源涵养能力，缓解雨洪内涝压力，促进水资源循环利用。鼓励单位、社区和居民家庭安装雨水收集装置。大幅度减少城市硬覆盖地面，推广透水建材铺装，大力建设雨水花园、储水池塘、湿地公园、下沉式绿地等雨水滞留设施，让雨水自然积存、自然渗透、自然净化，不断提高城市雨水就地蓄积、渗透比例。

（二十一）恢复城市自然生态。制定并实施生态修复工作方案，有计划有步骤地修复被破坏的山体、河流、湿地、植被，积极推进采矿废弃地修复和再利用，治理污染土地，恢复城市自然生态。优化城市绿地布局，构建绿道系统，实现城市内外绿地连接贯通，将生态要素引入市区。建设森林城市。推行生态绿化方式，保护古树名木资源，广植当地树种，减少人工干预，让乔灌草合理搭配、自然生长。鼓励发展屋顶绿化、立体绿化。进一步提高城市人均公园绿地面积和城市建成区绿地率，改变城市建设中过分追求高强度开发、高密度建设、大面积硬化的状况，让城市更自然、更生态、更有特色。

（二十二）推进污水大气治理。强化城市污水治理，加快城市污水处理设施建设与改造，全面加强配套管网建设，提高城市污水收集处理能力。整治城市黑臭水体，强化城中村、老旧城区和城乡结合部污水截流、收集，抓紧治理城区污水横流、河湖水系污染严重的现象。到 2020 年，地级以上城市建成区力争实现污水全收集、全处理，缺水城市再生水利用率达到 20% 以上。以中水洁厕为突破口，不断提高污水利用率。新建住房和单体建筑面积超过一定规模的新建公共建筑应当安装中水设施，老旧住房也应当逐步实施中水利用改造。培育以经营中水业务为主的水务公司，合理形成中水回用价格，鼓励按市场化方式经营中水。城市工业生产、道路清扫、车辆冲洗、绿化浇灌、生态景观等生产和生态用水要优先使用中水。全面推进大气污染防治工作。加大城市工业源、面源、移动源污染综合治理力度，着力减少多污染物排放。加快调整城市能源结构，增加清洁能源供应。深化京津冀、长三角、珠三角等区域大气污染联防联控，健全重污染天气监测预警体系。提高环境监管能力，加大执法力度，严厉打击各类环境违法行为。倡导文明、节约、绿色的消费方式和生活习惯，动员全社会参与改善环境质量。

（二十三）加强垃圾综合治理。树立垃圾是重要资源和矿产的观念，建立政府、社区、企业和居民协调机制，通过分类投放收集、综合循环利用，促进垃圾减量化、资源化、无害化。到 2020 年，力争将垃圾回收利用率提高到 35% 以上。强化城市保洁工作，加强垃圾处理设施建设，统筹城乡垃圾处理处置，大力解决垃圾围城问题。推进垃圾收运处理企业化、市场化，促进垃圾清运体系与再生资源回收体系对接。通过限制过度包装，减少一次性制品使用，推行净菜入城等措施，从源头上减少垃圾产生。利用新技术、新设备，推广厨余垃圾家庭粉碎处理。完善激励机制和政策，力争用 5 年左右时间，基本建立餐厨废弃物和建筑垃圾回收和再生利用体系。

八、创新城市治理方式

（二十四）推进依法治理城市。适应城市规划建设管理新形势和新要求，加强重点领域法律法规的立改废释，形成覆盖城市规划建设管理全过程的法律法规制度。严格执行城市规划建设管理行政决策法定程序，坚决遏制领导干部随意干预城市规划设计和工程建设的现象。研究推动城乡规划法与刑法衔接，严厉惩处规划建设管理违法行为，强化法律责任追究，提高违法违规成本。

（二十五）改革城市管理体制。明确中央和省级政府城市管理主管部门，确定管理范围、权力清单和责任主体，理顺各部门职责分工。推进市县两级政府规划建设管理机构改革，推行跨部门综合执法。在设区的市推行市或区一级执法，推动执法重心下移和执法事项属地化管理。加强城市管理执法机构和队伍建设，提高管理、执法和服务水平。

（二十六）完善城市治理机制。落实市、区、街道、社区的管理服务责任，健全城市基层治理机制。进一步强化街道、社区党组织的领导核心作用，以社区服务型党组织建设带动社区居民自治组织、社区社会组织建设。增强社区服务功能，实现政府治理和社会调节、居民自治良性互动。加强信息公开，推进城市治理阳光运行，开展世界城市日、世界住房日等主题宣传活动。

（二十七）推进城市智慧管理。加强城市管理和服务体系智能化建设，促进大数据、物联网、云计算等现代信息技术与城市管理服务融合，提升城市治理和服务水平。加强市政设施运行管理、交通管理、环境管理、应急管理等城市管理数字化平台建设和功能整合，建设综合性城市管理数据库。推进城市宽带信息基础设施建设，强化网络安全保障。积极发展民生服务智慧应用。到2020年，建成一批特色鲜明的智慧城市。通过智慧城市建设和其他一系列城市规划建设管理措施，不断提高城市运行效率。

（二十八）提高市民文明素质。以加强和改进城市规划建设管理来满足人民群众日益增长的物质文化需要，以提升市民文明素质推动城市治理水平的不断提高。大力开展社会主义核心价值观学习教育实践，促进市民形成良好的道德素养和社会风尚，提高企业、社会组织和市民参与城市治理的意识和能力。从青少年抓起，完善学校、家庭、社会三结合的教育网络，将良好校风、优良家风和社会新风有机融合。建立完善市民行为规范，增强市民法治意识。

九、切实加强组织领导

（二十九）加强组织协调。中央和国家机关有关部门要加大对城市规划建设管理工作的指导、协调和支持力度，建立城市工作协调机制，定期研究相关工作。定期召开中央城市工作会议，研究解决城市发展中的重大问题。中央组织部、住房城乡建设部要定期组织新任市委书记、市长培训，不断提高城市主要领导规划建设管理的能力和水平。

（三十）落实工作责任。省级党委和政府要围绕中央提出的总目标，确定本地区城市发展的目标和任务，集中力量突破重点难点问题。城市党委和政府要制定具体目标和工作方案，明确实施步骤和保障措施，加强对城市规划建设管理工作的领导，落实工作经费。实施城市规划建设管理工作监督考核制度，确定考核指标体系，定期通报考核结果，并作为城市党政领导班子和领导干部综合考核评价的重要参考。

各地区各部门要认真贯彻落实本意见精神，明确责任分工和时间要求，确保各项政策措施落到实处。各地区各部门贯彻落实情况要及时向党中央、国务院报告。中央将就贯彻落实情况适时组织开展监督检查。

附录5　海绵城市专项规划编制暂行规定

（2016 年 3 月 11 日）

第一章　总则

第一条　为贯彻落实《中共中央国务院关于进一步加强城市规划建设管理工作的若干意见》（中发 [2016]6 号）、《国务院关于深入推进新型城镇化建设的若干意见》（国发 [2016]8 号）和《国务院办公厅关于推进海绵城市建设的指导意见》（国办发 [2015]75 号），做好海绵城市专项规划编制工作，制定本规定。

第二条　海绵城市专项规划是建设海绵城市的重要依据，是城市规划的重要组成部分。

第三条　编制海绵城市专项规划，应坚持保护优先、生态为本、自然循环、因地制宜、统筹推进的原则，最大限度地减小城市开发建设对自然和生态环境的影响。

第四条　编制海绵城市专项规划，应根据城市降雨、土壤、地形地貌等因素和经济社会发展条件，综合考虑水资源、水环境、水生态、水安全等方面的现状问题和建设需求，坚持问题导向与目标导向相结合，因地制宜地采取"渗、滞、蓄、净、用、排"等措施。

第五条　海绵城市专项规划可与城市总体规划同步编制，也可单独编制。

第六条　海绵城市专项规划的规划范围原则上应与城市规划区一致，同时兼顾雨水汇水区和山、水、林、田、湖等自然生态要素的完整性。

第七条　承担海绵城市专项规划编制的单位，应当具有乙级及以上的城乡规划编制资质，并在资质等级许可的范围内从事规划编制工作。

第二章　海绵城市专项规划编制的组织

第八条　城市人民政府城乡规划主管部门会同建设、市政、园林、水务等部门负责海绵城市专项规划编制具体工作。海绵城市专项规划经批准后，应当由城市人民政府予以公布；法律、法规规定不得公开的内容除外。

第九条　编制海绵城市专项规划,应收集相关规划资料，以及气象、水文、地质、土壤等基础资料和必要的勘察测量资料。

第十条 在海绵城市专项规划编制中，应广泛听取有关部门、专家和社会公众的意见。有关意见的采纳情况，应作为海绵城市专项规划报批材料的附件。

第十一条 海绵城市专项规划经批准后，编制或修改城市总体规划时，应将雨水年径流总量控制率纳入城市总体规划，将海绵城市专项规划中提出的自然生态空间格局作为城市总体规划空间开发管制要素之一。

编制或修改控制性详细规划时，应参考海绵城市专项规划中确定的雨水年径流总量控制率等要求，并根据实际情况，落实雨水年径流总量控制率等指标。

编制或修改城市道路、绿地、水系统、排水防涝等专项规划，应与海绵城市专项规划充分衔接。

第三章 海绵城市专项规划编制内容

第十二条 海绵城市专项规划的主要任务是：研究提出需要保护的自然生态空间格局；明确雨水年径流总量控制率等目标并进行分解；确定海绵城市近期建设的重点。

第十三条 海绵城市专项规划应当包括下列内容：

（一）综合评价海绵城市建设条件。分析城市区位、自然地理、经济社会现状和降雨、土壤、地下水、下垫面、排水系统、城市开发前的水文状况等基本特征，识别城市水资源、水环境、水生态、水安全等方面存在的问题。

（二）确定海绵城市建设目标和具体指标。确定海绵城市建设目标（主要为雨水年径流总量控制率），明确近、远期要达到海绵城市要求的面积和比例，参照住房城乡建设部发布的《海绵城市建设绩效评价与考核办法（试行）》，提出海绵城市建设的指标体系。

（三）提出海绵城市建设的总体思路。依据海绵城市建设目标，针对现状问题，因地制宜确定海绵城市建设的实施路径。老城区以问题为导向，重点解决城市内涝、雨水收集利用、黑臭水体治理等问题；城市新区、各类园区、成片开发区以目标为导向，优先保护自然生态本底，合理控制开发强度。

（四）提出海绵城市建设分区指引。识别山、水、林、田、湖等生态本底条件，提出海绵城市的自然生态空间格局，明确保护与修复要求；针对现状问题，划定海绵城市建设分区，提出建设指引。

（五）落实海绵城市建设管控要求。根据雨水径流量和径流污染控制的要求，将雨水年径流总量控制率目标进行分解。超大城市、特大城市和大城市要分解到排水分区；中等城市和小城市要分解到控制性详细规划单元，并提出管控要求。

（六）提出规划措施和相关专项规划衔接的建议。针对内涝积水、水体黑臭、河湖水系生态功能受损等问题，按照源头减排、过程控制、系统治理的原则，制定积水点治理、截污纳管、合流制污水溢流污染控制和河湖水系生态修复等措施，并提出与城市道路、排水防涝、绿地、水系统等相关规划相衔接的建议。

（七）明确近期建设重点。明确近期海绵城市建设重点区域，提出分期建设要求。

（八）提出规划保障措施和实施建议。

第十四条　海绵城市专项规划成果应包括文本、图纸和相关说明。成果的表达应当清晰、准确、规范，成果文件应当以书面和电子文件两种方式表达。

第十五条　海绵城市专项规划图纸一般包括：

（一）现状图（包括高程、坡度、下垫面、地质、土壤、地下水、绿地、水系、排水系统等要素）。

（二）海绵城市自然生态空间格局图。

（三）海绵城市建设分区图。

（四）海绵城市建设管控图（雨水年径流总量控制率等管控指标的分解）。

（五）海绵城市相关涉水基础设施布局图（城市排水防涝、合流制污水溢流污染控制、雨水调蓄等设施）。

（六）海绵城市分期建设规划图。

第四章　附则

第十六条　设市城市编制海绵城市专项规划，适用本规定。其他地区编制海绵城市专项规划可参照执行本规定。

第十七条　各省、自治区、直辖市住房城乡建设主管部门可结合实际，依据本规定制订技术细则，指导本地区海绵城市专项规划编制工作。

第十八条　各城市应在海绵城市专项规划的指导下，编制近期建设重点区域的建设方案、滚动规划和年度建设计划。建设方案应在评估各类场地建设和改造可行性基础上，对居住区、道路与广场、公园与绿地，以及内涝积水和水体黑臭治理、河湖水系生态修复等基础设施提出海绵城市建设任务。

第十九条　本规定由住房城乡建设部负责解释。

第二十条　本规定自发布之日起施行。

参考文献

[1] 住房和城乡建设部.城市排水防涝设施普查数据采集与管理技术导则 [S].2013 年 6 月.

[2] 住房和城乡建设部.城市排水（雨水）防涝综合规划编制大纲 [S].2013 年 6 月.

[3] 住房城乡建设部,中国气象局.城市暴雨强度公式编制和设计暴雨雨型确定技术导则 [S].2014 年 4 月.

[4] 住房和城乡建设部.海绵城市建设技术指南——低影响开发雨水系统构建（试行）[S].2014 年 10 月.

[5] 环境保护部.2015 年中国环境状况公报 [R].2016 年 5 月.

[6] 水利部.2014 年中国水土保持公报 [R].2016 年.

[7] 南宁市城乡建设委员会,华蓝设计（集团）有限公司.南宁市海绵城市建设技术——低影响 开发雨水控制与利用工程设计标准图集（试行）[S].2015 年 05 月.

[8] 上海市住房和城乡建设管理委员会.上海市海绵城市建设技术导则（试行）[S].2015 年 11 月.

[9] 深圳市市场监督管理局.雨水利用工程技术规范（SZDB/Z 49-2011）[S].2011 年 12 月.

[10] 北京市规划委员会,北京市质量技术监督局.雨水控制与利用工程设计规范 (DB11/685-2013) [S].2014 年 2 月.

[11] 厦门市海绵城市建设工作领导小组办公室.厦门市海绵城市建设技术规范（试行)[S].2015 年.

[12] 厦门市建设局.厦门市海绵城市建设技术标准图集（DB3502/Z 5009-2016）[S].2016 年 3 月.

[13] 厦门市建设局.厦门市海绵城市建设工程施工与质量验收标准（DB3502/Z 5010-2016）[S].2016 年 3 月.

[14] 厦门市建设局.厦门市海绵城市建设工程材料技术标准（DB3502/Z 5011-2016）[S].2016 年 3 月.

[15] 福建省气候中心.莆田城市暴雨强度公式修编技术报告 [R].2016 年 4 月.

[16] 福建省气候中心.莆田城市设计雨型编制技术报告 [R].2016 年 4 月.

[17] 上海市政工程设计研究总院（集团）有限公司.三明市中心城区（三元、梅列主城区）排水 防涝及污水专项规划 [R].2016 年 10 月.

[18] 上海市政工程设计研究总院（集团）有限公司.宜昌市中心城区海绵城市专项规划 [R].2016 年 11 月.

[19] 张葆蔚.2015 年洪涝灾情综述 [J].中国防汛抗旱，2016，26(1):24-26.

[20] 国家环保总局 . 中国生态保护 [J]. 环境保护，2006(11):18-25.

[21] 王腊春 . 中国水问题——水资源与水管理的社会研究 [M]. 东南大学出版社，2007.

[22] 张建云，王银堂，贺瑞敏，等 . 中国城市洪涝问题及成因分析 [J]. 水科学进展，2016，27(4):485-491.

[23] 刘建芬，王慧敏，张行南 . 城市化背景下城区洪涝灾害频发的原因及对策 [J]. 河海大学学报（哲学社会科学版），2012，14(1):73-75.

[24] 郭维维 . 浅析城市水文化建设 [J]. 城市建设理论研究 : 电子版，2014(32).

[25] 水利部水文局 . 2014 水情年报 [M]. 中国水利水电出版社，2015.

[26] 矫勇 . 中国水资源公报 . 2014[M]. 中国水利水电出版社，2015.

[27] 章林伟 . 海绵城市建设概论 [J]. 给水排水，2015(6):1-7.

[28] 梁晓娜 . 生态策略在智慧城市空间规划的应用研究 [D]. 华南理工大学，2015.

[29] 刘德明 . 浅谈城市内河治理的方法 [J]. 福建建筑，2005 年 3 期 .

[30] 章林伟 . 海绵城市建设是中国城镇化转型发展的助推器 [J]. 水务世界，2016 年第 1 期 :57-60.

[31] 李泽裕，刘德明，王子龙 . 雨水调蓄池与 ψ 值的相关关系初步研究 [C]. 第六届海峡两岸土木建筑学术研讨会会议论文集 (台北).2013.

[32] 宋秀莲，孙杰，刘欣 . 中新天津生态城市政配套工程中创新理念的应用 [J]. 城市道桥与防洪，2012，08:75-77+380.

[33] 许静菊，刘德明，钟素娟，陈巧辉 . 福州某中学屋面雨水综合利用研究 [C]. 福建省给排水工程技术交流会暨海峡两岸技术交流会论文集，2013 年 11 月 .

[34] 钟素娟，刘德明，许静菊，陈巧辉 . 我国道路雨水综合利用技术与典型案例分析 [C]. 福建省给排水工程技术交流会暨海峡两岸技术交流会论文集，2013 年 11 月 .

[35] 许静菊，刘德明，钟素娟，陈巧辉，等，路面与屋面雨水水质及收集处理工艺特点研究 [J]. 建筑机电工程，2013 年 11 期 : 19-22.

[36] 黄天航，刘瑞霖，党安荣 . 智慧城市发展与低碳经济 [J]. 北京规划建设，2011，02:39-44.

[37] 钟素娟，刘德明，许静菊，陈巧辉 . 国外雨水综合利用先进理念和技术 [J]. 福建建设科技，2014 年 2 期 .

[38] 鄢斌，刘德明，王子龙，黄晗，陈琳琳，丁若莹 . 福建省年径流总量控制率及其设计降雨量 [J]. 市政技术，2016 年 4 期 .

[39] 李欣然，刘德明，鄢斌，丁若莹，陈巧玲，祝宇，毕剑远 . 跨江河水源段桥梁安全排水系统的构建 [J]. 福建建设科技，2015 年 6 期 .

[40] 游漪凡，丁若莹，万明磊，鄢斌，刘德明 . 基于 "低影响开发" 理念的城市下沉式绿地雨

水调蓄技术探讨及优化方案 [J]. 市政技术，2017 年 2 期 .

[41] 黄晗，刘德明，丁若莹，杨雪 . 新旧暴雨强度公式对比分析 [J]. 市政技术，2017 年 3 期 .

[42] 赵文俊 . 市政工程生态化 [D]. 同济大学，2008.

[43] W.J. Mitsch& S.E. Jrgensen.(2003)，"Ecological engineering: A field whose time has come" [J]. in: Ecological Engineering，20(5): 363-377.

[44] S.D.Bergen et al.(2001)，"Design Principles for Ecological Engineering" [J].in: Ecological Engineering，18: 201-210.

[45] K.R.Barrett.(1999)，"Ecological engineering in water resources: The benefits of collaborating with nature" [J]. Water International，24: 182–188.

[46] A.M. Nahlik and W.J. Mitsch.(2006)，"Tropical Treatment Wetlands Dominated by Free-Floating Macrophytes for Water Quality Improvement in Costa Rica" [J].in: Ecological Engineering，28: 246-257.

[47] S.A.W.Diemont and others.(2006)，"Lancandon Maya Forest Management: Restoration of Soil Fertility using Native Tree Species" [J].in: Ecological Engineering，28: 205-212.

[48] Ajuntament de Barcelona. "Barcelona Smart City" [OL].Retrieved，2015-05-30.

[49] BCN Smart City. "Smart traffic lights" [OL]. Retrieved，2015-05-30.

[50] http://www.eco-city.gov.cn/[OL].

[51] http://www.ccud.org.cn/[OL].

[52] http://www.guangzhouaward.org/cn/index.html[OL].

[53] http://pch.sipac.gov.cn/dpchina/[OL].

[54] 雨水下渗装置 [P]，ZL 20162 0466462.7.

[55] 渗水蓄水路面砖 [P]，ZL 20162 0824605.7.

[56] 一种混凝土框式生态护坡模块、护坡及其安装方法 [P]，ZL 2016 1 0858251.2.